# 施肥　耕作　微环境

聂胜委　张玉亭　主编

中原农民出版社
·郑州·

**图书在版编目（CIP）数据**

施肥耕作微环境/聂胜委，张玉亭主编. —郑州：中原农民出版社，2019.3
ISBN 978-7-5542-2055-9

Ⅰ. ①施… Ⅱ. ①聂… ②张… Ⅲ. ①耕作土壤-土壤肥力-研究 Ⅳ. ①S158

中国版本图书馆CIP数据核字（2019）第035717号

---

**出版**：中原农民出版社
**地址**：郑东新区祥盛街27号7层
**邮政编码**：450016　　**电话**：0371-65751257（传真）
**发行单位**：全国新华书店
**承印单位**：河南创智印务有限公司
**投稿信箱**：Djj65388962@163.com
**交流QQ**：895838186
**策划编辑电话**：13937196613
**邮购热线**：0371-65788651
**开本**：787mm×1092mm　　1/16
**印张**：7　　**彩插**：4
**字数**：118千字
**版次**：2019年6月第1版　　**印次**：2019年6月第1次印刷

---

**书号**：ISBN 978-7-5542-2055-9　　**定价**：45.00元
本书如有印装质量问题，由承印厂负责调换

# 编委会


主　编　聂胜委　张玉亭

副主编　张巧萍　何　宁

编　委　（排名不分先后）

聂胜委　张玉亭　张巧萍　张浩光　何　宁

关东山　郭　庆　王洪庆　王　辉　张　俊

宝德俊　许纪东　段俊枝　王建超　代小东

李前进　胡　颖　李向东　王二耀　段亚魁

杜卫远　孔威维　苗　进

# 前 言

Qian yan

化肥、农药等化石能源大量投入与机械化、信息化的应用推动了现代农业的快速发展，大量化肥尤其是氮肥的投入支撑着世界粮食产量的不断提高。我国是世界第一人口大国，为保障全球22%的人口生活需求，使用了全球35%的化肥。据国家统计局2017年统计资料显示，化学肥料的施用量2000年为4 146.4万t,2016年为5 984.1万t,2016年较2000年增加了1 837.7万t,增长了44.3%。自2015年国家实施化肥“零增长”行动计划以来，化肥的施用量呈下降趋势。

化学农药原药生产量1978年为53.30万t，2010年为223.52万t，2014年为374.4万t，2016年为320.97万t，2016年的产量较2010年增加了97.45万t，增加43.6%，2016年产量较2014年减少了53.43万t，农药的生产量显著减少。

化肥、农药在促进粮食增产的同时也对环境产生了负面影响，随着日益严重的潜在污染威胁，国家明确提出了“双减”目标来减少农田肥、药污染，从农业源头进行治理。解决化肥的问题，主要是通过测土配方等技术来提高用肥的精准性，提高肥料的利用率，避免盲目施肥；通过耕作技术的创新来提高土壤自身的功能，增大土壤养分的库容；通过施肥、耕作等措施改善作物群体微环境，提高作物对养分的吸收利用效率和抗逆能力。

本书主要从施肥对作物的效应研究现状、长期定位施肥对土壤效应的研究现状、施肥对小麦年际间产量构成的研究、施肥对小麦氮素吸收的研究、新型粉垄立式旋耕技术的研究展望、粉垄立式旋耕对作物产量的影响、施肥对作物群体微环境的影响、粉垄立式旋耕技术对作物群体微环境的影响等方面展开撰写。

本书稿主要介绍新型的耕作、施肥以及作物田间群体微环境三方面的综合性研究结论和成果。我们希望通过本书的出版，能够引起各方面的关注、重视和支持，推动施肥技术和新型耕作方法的普及以及重视作物田间群体微环境改善的调控，助力乡村振兴，有助于实现农业、农村的可持续发展，为促进我国农业的全面发展和保障我国粮食的安全发挥应有的作用。

由于编者水平有限，加上该研究项目属新兴学科，缺乏相应的成果比对，疏漏之处在所难免，敬请读者提出宝贵意见，以便再版时改正。

编 者

2018 年 10 月

M 目录

u lu

# 第一章　施肥对作物效应的研究现状

在土壤栽培条件下，作物的生长发育离不开光照、水分、气体、热量等自然因子，同时也与肥料类型、施肥制度以及田间管理等人为因子密切相关。随着人类对粮食需求数量和质量等要求的不断提高、可利用耕地资源不断减少以及全球气候和环境的不断变化，在新形势下研究不同肥料类型和施肥制度对作物生长发育、产量以及品质的影响就成为农业领域持续关注的热点之一。长期定位施肥试验信息量丰富、数据准确可靠、解释力强，具有常规试验不可比拟的优点和特点；通过长期定位施肥试验研究，可以克服因气候变化对作物生长发育的影响，能系统研究不同施肥制度对作物生长发育以及产量等因子的影响，并做出科学的评价，为农业可持续发展提供重要的决策依据。国内外有关长期定位施肥研究的文献相当多，但主要还是围绕“作物—土壤”两大方面进行研究。本章就国内外长期定位施肥试验点的分布情况、长期定位施肥对作物效应的研究进行总结和归纳。

## 第一节　国内外长期定位施肥研究站概况

### 一、国外长期定位施肥研究站概述

有关国外长期定位试验研究的情况，我国学者沈善敏等曾经做过相关的论述。国外的长期定位施肥试验研究开始较早，法国学者布森高于 1834 年建立了第一个农业试验站。世界各国长期田间肥料试验见表 1–1。英国最早开始长期肥料试验的是洛桑（Rothamsted）庄园的继承人。J.B.Lawes 和化学家 J.H.Gibert 1843 年开始 Broadbalk 冬小麦肥料试验，1848 年开始 Agdell 作物轮作 – 肥料试验，1852 年开始 Hoosfield 大麦肥料残效试验，试验面积

1 $hm^2$，各种肥料处理共22个小区，试验结果向世界证明了作物单施化肥可以高产，并持续百年不衰。在法国，1861年、1867年由G.Ville、Deherain分别在Vincennes、Grignon建立了相关的长期肥料研究站。在德国，1873年由Drechsler在Gottingen，1878年由J.Kühn在Halle建立了长期肥料试验研究站。1875年美国在康涅狄格州建立了第一个比较规范的农业试验站，1876年由George Morrow在伊利诺斯州立大学建立了Morrow试验站，开始了肥料与轮作的长期试验。这些长期定位肥料试验站中的一部分一直保持到现在，如英国的洛桑（Rothamsted）试验站、美国的Morrow试验站、法国的Grignon试验站和德国的Gottingen长期试验站等。其他试验站则在持续一段时间后先后停止。这些试验站到现在有的已经成为长期定位施肥试验的"博物馆"，其研究内容仍在继续扩大和不断深入，并且由历史最悠久的一批长期肥料试验站，相继成为农业综合试验站，其中持续时间100年以上的有6个国家的6个试验站。洛桑试验站是最早从一个冬小麦田间肥料小区试验发展起来的，经过165年的发展，由简单的肥料试验站到长期试验站，2004年上升为国际研究中心，研究范围包括肥料、土壤、作物，其研究内容扩大到全球环境、生态，由英国国内走向国际，不仅是科学研究机构，也是国际技术交流、人才交流和技术传播的国际机构。

**表1–1　世界各国的长期田间肥料试验**

| 国别 | 试验机构或地点 | 试验内容及名称 | 迄今年限 |
|---|---|---|---|
| 英国 | 洛桑（Rothamsted）试验站 | Broadbalk 小麦连作肥料试验 | 1843 ~ |
| | | Hoosfield 大麦连作肥料试验 | 1852 ~ |
| | | Parkgrass 多年生黑麦草地肥料试验 | 1856 ~ |
| | | Barnfield 饲用甜菜连作肥料试验 | 1843 ~ 1959 |
| | | Agdell 作物轮作肥料试验 | 1848 ~ 1951 |
| | | Stackyard 小麦、大麦连作肥料试验 | 1877 ~ 1926 |
| | | 试验 I 作物轮作 – 肥料试验 | 1899 ~ 1965 |
| | | Highfield 和 Foster 草田轮作试验 | 1949 ~ |
| | | Reference plots 作物轮作下的肥料试验 | 1956 ~ |
| | | Great Field I 土壤深松及深施磷、钾肥试验 | 1956 ~ |
| 法国 | Grignon 国立农业研究所 | Deherain 小麦、甜菜肥料试验 | 1875 ~ |
| | | 小麦连作肥料试验 | 1900 ~ |
| 美国 | 伊利诺斯州立大学 | Morrow 轮作肥料试验 | 1876 ~ |
| | | Morrow 磷矿石粉肥效试验 | 1876 ~ |

续表

| 国别 | 试验机构或地点 | 试验内容及名称 | 迄今年限 |
|---|---|---|---|
| 德国 | Gottingen 农业研究所<br>Limburgerhof 农业研究站<br>Weihenstepham 试验站 | E-Field 轮作下的肥料试验 | 1873 ~ |
| | | 多年生黑麦草肥料试验 | 1873 ~ |
| | | 化肥对作物产量及产品质量试验 | 1938 ~ |
| | | 钾肥对作物及土壤影响试验 | 1913 ~ |
| 丹麦 | Askov 试验站 | 轮作下的肥料试验 | 1894 ~ 1972 |
| 荷兰 | Sappemeer | 泥炭土肥料试验 | 1881 ~ 1934 |
| | Groningen | 耕地和裸地施肥对土壤腐殖质影响试验 | 1910 ~ 1970 |
| | Ameland 岛 | 草地肥料试验 | 1899 ~ 1969 |
| | Geert Veenhuizenhoeve 站 | 马铃薯肥料试验 | 1918 ~ |
| 芬兰 | Heteensuo 试验站 | 磷、钾肥试验 | 1905 ~ |
| 挪威 | Moysted 试验站 | 轮作下的肥料试验 | 1922 ~ |
| | Voll 试验站 | 轮作下的肥料试验 | 1917 ~ |
| | 挪威农业大学 | 轮作下的肥料试验 | 1938 ~ |
| 比利时 | Gemboux | 连作及轮作下的肥料试验 | 1909 ~ |
| 奥地利 | 维也纳农业大学<br>Grossenzerdorf 试验场 | 轮作肥料试验 | 1906 ~ |
| 波兰 | 华沙农业大学<br>Skierniewice 试验场 | 轮作肥料试验 | 1921 ~ |
| 日本 | Konosu 中央农业试验站 | 水稻连作肥料试验 | 1926 ~ |
| | Aomori 县农业试验站 | 水稻连作肥料试验 | 1930 ~ 1961 |
| | Aichi 县农业试验站 | 水稻连作肥料试验 | 1926 ~ 1966 |
| | Hokkaido 农业试验站 | 水稻连作肥料试验 | 1926 ~ 1966 |
| 捷克 | Pohorelice<br>Caslav 和 hukavec | 长期肥料试验 | 1957 ~ |

## 二、国内长期定位施肥研究站概述

与国外长期定位施肥研究开始的时间相比，我国的长期定位施肥研究起步较晚。20 世纪 60 年代初，我国在典型农业区建立一批肥料试验站。由于种种原因，这些肥料试验站绝大部分半途而废，只有中国农业科学院刘更另院士于 1960 年在湖南祁阳建立的红壤肥料试验站坚持了下来，目前是我国时间最长的试验站，同时也率先成为我国的重点野外科学观测站。其他大部分的长期定位肥料研究开始于 20 世纪 80 年代，当时中国科学院、中国农业科学院以及各省、市的农业科研机构大都建有长期的肥料研究站。2005 年，由国家农业部组织专家对国内的 92 个野外试验站进行审查和评审，最终入选 58 个，命名为农业部重点野外科学观测研究试验站，其中与肥料有关的长期定位试验站有 32 个（见表 1–2）。2006 年国家科技部分 3 批对有关部门在 1999 ～ 2001 年遴选的 35 个野外站中的 29 个野外站进行评估认证，最终将包括国家土壤肥力与肥料效益监测站网在内的 27 个试点站正式纳入国家野外科学研究站序列。涉及农田生态领域的有 6 个长期研究站（网），分别是位于陕西安塞县、山东禹城市、河南封丘县、湖南桃源县、湖南祁阳县的农田生态系统国家野外科学观测研究站和国家土壤肥力与肥料效益监测站网。其中只有国家土壤肥力与肥料效益监测站网真正以肥料命名，它成立于 1987 年，由中国农业科学院主持，联同分布在河南、吉林、新疆、陕西、重庆、湖南和浙江的 8 个土壤肥料研究所，监测和研究我国不同土壤长期施肥条件下肥料的农学效应、养分利用率、肥力质量以及环境质量演变等内容，是我国建设的国家级大型土壤肥力和肥料效益长期定位检测试验站网络。

对长期肥料试验研究的内容进行概括和归纳，主要有以下 3 个方面：①研究不同营养元素对植物的相对重要性。②研究施肥对各种作物的增产效果，比较有机肥料（有机肥）和化学肥料（化肥）的营养价值。③研究施肥对土壤肥力的影响，特别是长期施用不同类型肥料对作物产量和土壤肥力的影响等。在国内外关于长期定位施肥的研究中，施肥制度主要包括长期不施肥、单施氮肥、氮磷配施、氮钾配施、磷钾配施、氮磷钾配施和氮磷钾配施有机肥 7 个方面。随着研究的不断深入，增加了氮磷钾配施秸秆有机肥制度的研究。

**表 1–2　我国主要长期田间肥料试验站**

| 所在地 | 台站名称 | 台站类型 | 依托单位 |
|---|---|---|---|
| 吉林省 | 农业部公主岭黑土生态环境重点野外科学观测试验站 | 土壤生态环境 | 吉林省农业科学院 |
| 河北省 | 农业部迁西燕山生态环境重点野外科学观测试验站 | 区域生态环境 | 中国农业科学院农业资源与农业区划研究所 |
| 河南省 | 农业部洛阳旱地农业重点野外科学观测试验站 | 区域生态环境 | 中国农业科学院农业资源与农业区划研究所 |
| 山东省 | 农业部寿阳旱地农业重点野外科学观测试验站 | 区域生态环境 | 中国农业科学院农业环境与可持续发展研究所 |
| 河北省 | 农业部曲周农业资源与生态环境重点野外科学观测试验站 | 区域生态环境 | 中国农业大学 |

续表1

| 所在地 | 台站名称 | 台站类型 | 依托单位 |
|---|---|---|---|
| 内蒙古自治区 | 农业部呼伦贝尔草甸草原生态环境重点野外科学观测试验站 | 区域生态环境 | 中国农业科学院农业资源与农业区划研究所，内蒙古自治区海拉尔农牧场管理局 |
| 浙江省 | 农业部杭州水稻土生态环境重点野外科学观测试验站 | 土壤生态环境 | 浙江省农业科学院土壤肥料研究所 |
| 内蒙古自治区 | 农业部鄂尔多斯沙地草原生态环境重点野外科学观测试验站 | 区域生态环境 | 中国农业科学院草原研究所 |
| 北京市 | 农业部小汤山精准农业与生态环境重点野外科学观测试验站 | 区域生态环境 | 北京农业信息技术研究中心 |
| 广东省 | 农业部广州赤红壤生态环境重点野外科学观测试验站 | 土壤生态环境 | 广东省农业科学院土壤肥料研究所 |
| 湖南省 | 农业部衡阳红壤生态环境重点野外科学观测试验站 | 土壤生态环境 | 中国农业科学院农业资源与农业区划研究所 |
| 北京市 | 农业部昌平潮褐土生态环境重点野外科学观测试验站 | 土壤生态环境 | 中国农业科学院农业资源与农业区划研究所 |
| 陕西省 | 农业部杨凌黄土生态环境重点野外科学观测试验站 | 土壤生态环境 | 西北农林科技大学 |
| 江苏省 | 农业部苏州水稻土生态环境重点野外科学观测试验站 | 土壤生态环境 | 江苏省农业科学院农业资源与环境研究中心<br>江苏太湖地区农业科学研究所 |
| 重庆市 | 农业部重庆紫色土生态环境重点野外科学观测试验站 | 土壤生态环境 | 西南大学 |
| 河南省 | 农业部郑州潮土生态环境重点野外科学观测试验站 | 土壤生态环境 | 河南省农业科学院土壤肥料研究所 |
| 海南省 | 农业部儋州热带农业资源与生态环境重点野外科学观测试验站 | 区域生态环境 | 中国热带农业科学院 |
| 河北省 | 农业部张北农业资源与生态环境重点野外科学观测试验站 | 区域生态环境 | 河北农业大学 |
| 四川省 | 农业部资阳长江上游农业资源与生态环境重点野外科学观测试验站 | 区域生态环境 | 四川省农业科学院土壤肥料研究所 |
| 内蒙古自治区 | 农业部呼和浩特农牧交错带生态环境重点野外科学观测试验站 | 区域生态环境 | 中国农业大学 |
| 河北省 | 农业部沽源草地生态环境重点野外科学观测试验站 | 区域生态环境 | 中国农业大学 |
| 新疆维吾尔自治区 | 农业部乌鲁木齐干旱绿洲生态环境重点野外科学观测试验站 | 区域生态环境 | 新疆农业科学院土壤肥料研究所 |

续表2

| 所在地 | 台站名称 | 台站类型 | 依托单位 |
|---|---|---|---|
| 安徽省 | 农业部蒙城砂姜黑土生态环境重点野外科学观测试验站 | 土壤生态环境 | 安徽省农业科学院土壤肥料研究所 |
| 河南省 | 农业部商丘农业资源与生态环境重点野外科学观测试验站 | 区域生态环境 | 中国农业科学院农田灌溉研究所 |
| 山东省 | 农业部德州农业资源与生态环境重点野外科学观测试验站 | 区域生态环境 | 中国农业科学院农业资源与农业区划研究所 |
| 山东省 | 农业部寿光环渤海农业资源与生态环境重点野外科学观测试验站 | 区域生态环境 | 山东省农业科学院土壤肥料所 |
| 甘肃省 | 农业部镇原黄土旱塬生态环境重点野外科学观测试验站 | 区域生态环境 | 甘肃省农业科学院旱地农业研究所 |
| 江西省 | 农业部南昌红黄壤生态环境重点野外科学观测试验站 | 土壤生态环境 | 江西省农业科学院土壤肥料研究所 |
| 河北省 | 农业部衡水潮土生态环境重点野外科学观测试验站 | 土壤生态环境 | 河北省农林科学院旱作农业研究所 |
| 湖南省 | 农业部望城红壤水稻土生态环境重点野外科学观测试验站 | 土壤生态环境 | 湖南省土壤肥料研究所 |
| 黑龙江 | 农业部哈尔滨黑土生态环境重点野外科学观测试验站 | 土壤生态环境 | 黑龙江省农业科学院土壤肥料研究所 |
| 湖北省 | 农业部武汉黄棕壤生态环境重点野外科学观测试验站 | 土壤生态环境 | 湖北省农业科学院土壤肥料研究所 |

注：表中内容来源于农业部农科教发〔2005〕14号文件。

## 第二节　长期定位施肥对作物效应的研究现状

### 一、国外长期定位施肥对农作物效应的研究现状

长期定位施肥对作物的影响，国外的研究主要侧重于对产量的影响。研究表明，有机肥和化肥对作物有较好的增产效果和持续的增产作用，且两者产量几乎不相上下。G.W.Cooke 分别统计了洛桑试验站各试验地持续时间为 18 ~ 61 年的 6 种农作物长期施用化肥与厩肥的效果表明，总的趋势是化肥的肥效略高于厩肥；化肥和厩肥配合无论是近期或者长期都能提高作物的产量。在印度，Bhandari 等研究表明无机肥配施有机肥能显著提高水稻、小麦

的产量；在亚热带半干旱地区，化肥配施农家肥有助于维持高产的稳定性；在淋溶土上研究表明，长期的小麦－大豆轮作条件下，长期不施肥或仅施氮磷肥处理的大豆和长期不施肥或仅施氮肥处理的小麦产量下降；然而氮磷钾配施粪肥或者石灰处理的小麦产量增加。在法国西南部的石灰性土上，长期不施钾肥严重影响“谷子－油菜－蚕豆”轮作系统的产量，钾的投入则影响开花期的吸收总量，且有助于产量提高；长期不施肥，土壤中的可交换钾含量轻微下降，但是没有影响营养平衡水平。在美国德克萨斯州南部进行了16年玉米－棉花轮作施肥研究，结果表明在长期的轮作施肥条件下，长期高施氮量比低施氮量增加8%的作物残茬覆盖度，说明增加了地上部的生物量。在哥伦比亚北部的沙土上，长期不施肥导致木薯产量下降，8年试验表明，牧草覆盖还田可以增加木薯的块根产量和地上部生物量，增加根部干物质重，并缩小年际间的差异；平衡施用氮磷钾肥可以提高块根和地上部生物量。在德国，小麦－玉米轮作施肥近50年的研究表明，小麦－玉米轮作施用厩肥或者秸秆还田配施氮磷钾化肥的效果较好，可以获得较高的产量；对小麦来说，轮作的增产效应不受施肥影响，对玉米来说，施肥降低了几乎一半的轮作效应。在非洲，Rebafka等研究发现，秸秆还田配施磷肥可以显著地提高谷子的产量。在南美洲的巴西，长期施肥可以增加金丝桃属植物的生物产量。在非洲尼日尔的酸性沙土上，无论长期还是短期的残茬还田均可使谷子增产高达60%，不还田的则迅速减产；而且残茬还田配施磷肥，可以获得更高的产量和干物质生物量。

对农作物品质的研究则开始于20世纪60年代以后，研究结果认为施矿质氮肥和厩肥可提高产品蛋白质的含量，但化肥区比厩肥区还高4.5%，且不影响蛋白质的氨基酸组成，施肥对籽实产品中灰分元素含量几乎无影响。奥地利Grossenzerdorf试验地1973年对黑麦花4种维生素含量维生素$B_1$、维生素$B_2$、维生素$B_5$和维生素$B_3$分析，化肥区最高，无肥区第二，厩肥区最低；面包烘焙质量以氮磷钾区产品最高，厩肥次之，无肥区最差；冬小麦除半胱氨酸和异亮氨酸外，其余15种氨基酸和氨基酸的总量化肥区均高于厩肥区；大麦中17种氨基酸和氨基酸总量化肥区都高于厩肥区，认为施化肥并不影响产品品质。在地中海地区雨养条件下，传统耕作，小麦－豆类轮作以及高施氮量结合可以提高籽粒的蛋白质含量和面粉的面团参数，其中氮肥是决定面包质量的重要因素。

分析不同施肥制度对作物产量和品质的影响，可以得出以下结论。①对作物产量的影响。不论有机肥或者化肥，对所有作物都有极好的增产效果，且两者的产量效果几乎不相上下；施肥与轮作、品种结合，对作物的产量具有叠加效应；化肥具有和有机肥一样的持续增产效果；对英国、丹麦、美国以及法国的超过100年的长期试验进行分析发现，连续施用化肥对土壤的生产力没有影响；在相同施肥条件下，作物轮作比连作可获得更高的产量。②对作物品质的影响。施用矿质氮肥和厩肥可以提高籽粒蛋白质含量，但是不影响蛋白质的氨基酸组成；长期施氮磷钾肥有助于提高某些氨基酸的总量，可以改善面包的烘烤质量，且不影响产品的品质。

## 二、国内长期定位施肥对农作物效应的研究现状

我国研究长期定位施肥对作物影响虽然开始的时间晚，但是研究内容相对较为丰富，主要围绕不同的施肥制度对作物生长发育、品质、产量以及养分吸收等方面的影响进行研究。

**1. 不同的施肥制度对作物生长发育的影响**

研究表明，有机肥和氮肥配施能明显增加玉米株高、茎粗和单株叶面积，降低丛枝菌（AM）真菌对玉米的侵染率（MCP）、丛枝着生率（ACP）以及侵入点数（NE）等，随着氮肥或有机肥施用量的增加，小麦、玉米叶片的叶绿素含量（SPAD值）均增大。化肥和秸秆配施在促进玉米生长的同时还能延缓叶片衰老，更大程度地增加穗粒数，提高千粒质量；有机肥配施氮肥或氮磷钾肥能够促进夏玉米叶片的氮代谢，提高玉米吐丝后期穗位叶硝酸还原酶活性、游离氨基酸含量和蛋白质含量，改善叶片的荧光反应。与单施无机肥相比，有机无机肥配施可以降低小麦在灌浆盛期旗叶的膜脂过氧化作用，提高旗叶的光合速率，但不均衡施肥时，小麦旗叶膜脂过氧化作用升高，光合速率降低。不同的肥料配施对作物的发育有一定的影响，研究表明厩肥配施化肥与秸秆还田配施化肥的小麦、单季稻相比，有效小穗数2季共增加86.9万/$hm^2$；秸秆还田配施化肥的有效小穗数比单施化肥小麦、单季稻2季增加11.65万/$hm^2$；同时施厩肥的有效小穗数比秸秆还田小麦、单季稻2季增加33.3万/$hm^2$；秸秆还田的有效小穗数比不施肥对照小麦、单季稻2季增加19.95万/$hm^2$。曹彩云等研究得出化肥和秸秆配合施用不仅能增加小麦、玉米的穗粒数，提高植株干物质积累速率，还可以延缓叶片的衰老，更好地促进籽粒干物质的积累，提高植株千粒质量。氮磷钾配施有利于甘薯块根内碳氮代谢和淀粉的积累，有利于淀粉型甘薯的生长。在黄淮海平原的长期试验表

明，单施有机肥对土壤碳的固定有负面的影响，有机无机肥配施则有利于碳的固定。

**2. 不同的施肥制度对作物品质的影响**

作物的品质除受作物品种遗传特性影响外，与施肥制度有着密切的关系。与不施肥相比，氮磷钾配施可以明显提高小麦籽粒的蛋白质、总氨基酸和人体必需氨基酸含量，改善面粉品质和面团品质，增加灰分含量。氮磷配施、氮磷钾配施可以明显提高郑麦 9023 的湿面筋和蛋白质组分及含量；有机无机肥配施和秸秆还田配施化肥可以不同程度地提高籽粒蛋白质含量；氮磷钾和有机肥配施可以提高豫麦 49–986 麦籽粒蛋白质含量，优化蛋白质组分比。但是也有研究认为长期施用有机肥与氮磷钾配施与不施肥或者单施氮肥相比，降低了籽粒的蛋白质、湿面筋和干面筋的含量以及沉淀值，使小麦籽粒的品质有所下降。在其他农作物品质方面，研究认为连续施用有机肥、有机无机肥配施虽降低了稻米的外观品质，但是提高了食用和蒸煮品质、水稻籽粒蛋白质含量，改善了稻米淀粉黏度。皱德乙等研究表明施用猪厩肥和化学氮肥均可提高玉米、大豆籽实氨基酸总量及必需氨基酸含量，在施用猪厩肥或氮磷化肥基础上配合施用钾肥，增加玉米籽实氨基酸和人体必需氨基酸的效果显著，对大豆亦有增加趋势。另外，长期施用氮肥可以提高花生籽粒中蛋白质含量，施用氮磷钾肥，显著地提高了籽粒产量和蛋白质含量；施用氮钾、氮磷、磷钾肥，则会降低籽粒中粗脂肪和蛋白质含量。

**3. 不同的施肥制度对作物产量的影响**

大量的长期定位施肥研究表明，氮磷钾配施以及与有机肥配施，均可以不同程度地提高作物的产量。在土壤肥力较低的情况下，氮磷配施可以显著提高夏玉米生物产量和籽粒产量，而且有机无机肥配施的促进作用大于单施肥。林治安等研究认为长期施用有机肥与化肥均表现出持续提高小麦、玉米产量。樊廷录等在黄土高原冬小麦 – 玉米轮作制中通过连续 24 年的田间试验研究，结果是以氮磷配施、有机无机肥配施在干旱年、丰水年均具有较高的增产效果。且单施氮肥的增产作用受水分的影响较大，有机肥配施化肥处理的产量受水分影响较小；随着施肥年限的延长，长期施用氮肥增产作用下降，而秸秆还田及有机无机肥配施则有逐年递增趋势。黄绍敏等研究了不同施肥方式对不同作物以及同一作物不同品种的产量影响，结果表明氮磷钾配施、有机无机肥配施不仅可以保持土地生产力的可持续性，同时也有利于提高小麦、玉米的产量。在陕西长武县研究表明长期氮磷配施可以显著提高小麦产量；长期不施肥、单施氮或磷肥的小麦产量呈下降趋势，各处理间差异不显著。在黄淮海平原，施氮磷钾肥处理的小麦、玉米产量最高，缺素施肥的氮磷处理可以获得较高的产量，但是没有可持续性；有机无机肥配施可以维持较高的产量。在甘肃平凉地区，小麦－玉米轮作条件下，长期氮磷肥配施粪肥或者秸秆肥较单施氮肥与不施肥以及氮磷配施的处理相比，可以获得持续较高的作物产量。在湖南祁阳，氮磷钾化肥配施有机肥的小麦、玉米产量均显著高于不施肥或者单施无机肥的处理。在石灰性红壤上，由于土壤含钾量丰富，施用氮磷肥就可获得较高的水稻产量；施磷是维持水稻获得高产的必要条件。长期施用有机肥、有机肥配施化肥、施用氮磷钾可以提高植物的生物量和产量。在南方红壤上，长期施用有机肥或者与化肥配施可以极大地提高玉米产量和增强肥效；此外，有机肥与无机肥配施也可明显提高水稻的产量。在其他作物研究方面，甄志高等研究认为氮磷钾配施，显著地提高了花生产量，有机肥配施化肥可以提高甘薯产量。

**4. 不同的施肥制度对作物养分吸收的影响**

不同的施肥制度对作物吸收养分的能力和利用程度也有一定的影响。研究表明施有机肥可以使小麦对氮、磷、钾的吸收较为均衡，缺素施肥直接导致小麦植株体内相应养分的明显亏缺，不施氮肥则制约小麦对钾的吸收。氮肥单施时小麦和玉米氮的农学效率降低，而氮磷钾配施时氮的农学效率有上升趋势。磷肥肥效具有短期叠加效应。氮磷钾配施、氮磷配施小麦对氮、磷的利用率均较高，其他施肥处理的小麦对肥料的利用率较低，且氮磷钾肥配施有机肥的肥料利用率有累加效应。在施氮量相同的情况下，常量施用有机肥配施化肥可以提高黄瓜、番茄的肥料利用率，养分不均衡处理肥料的利用率较低。长期施用有机肥、有机肥配施化肥、施用氮磷钾明显提高微生物量磷、碱性磷酸酶活性以及玉米对磷的吸收量。在湖南祁阳的长期研究表明，氮磷钾配施有机肥处理的土壤有机碳、速效磷、$Ca^{2+}$ 和 $Mg^{2+}$ 交换量、$Cu^{2+}$ 和 $Zn^{2+}$ 交换量均高于施无机肥的处理。在甘肃平凉地区小麦－玉米轮作条件下，长期氮磷肥配施粪肥或者秸秆肥较单施氮肥与不施肥以及氮磷配施的处理相比，在干旱年份显著提高作物的水分利用率。

通过对我国各地长期定位施肥的研究得出以下结论。①有机肥配施化肥有利于作物的生长发育，如在改善植株的营养生长（株高、茎粗、叶面积等）的同时，改善某些生理生化过程（荧光反应、膜脂过氧化、增加小穗数等）。②长期的氮磷钾肥配施或者与有机肥配施可以改善作物产品的某些品质，同时也降低了另外一些品质，如提高小麦、水稻籽粒蛋白质含量，降低了稻米的外观品质等。③长期氮磷钾肥配施有机肥可以持续提高作物的产量，增产的后效性比较好，同时也能提高作物对土壤养分的吸收量和利用效率。

## 三、定位施肥在农作物领域研究的现状

通过对国内外长期定位施肥作物效应的研究分析可以看出，长期采用氮磷钾肥配施、氮磷钾肥配施有机肥比单一施肥、不均衡施肥有着不可比拟的优点。首先，影响到作物的生长发育，表现在改善光合器官的功能，为作物的生长发育提供良好的营养基础；其次，提高了养分的吸收能力和利用效率，为作物获得较高的产量提供保证；最后，改善了作物的产品品质，提高了经济效益。

我国幅员辽阔，气候生态类型多样，各个长期定位施肥研究基地之间的气候类型差异较大，大量的研究证明有机肥与无机肥配施以及氮磷钾化肥配施均可提高当季作物的产量。从作物生长发育的角度去探讨增产的机制，相关的研究和报道较少。

大量研究表明，造成水体富营养化、地下水污染以及温室效应等全球生态环境恶化的主要原因之一是农田过量施用化肥，超过了作物对养分的需求量。在过量施肥条件下，改进种植制度可以减少对环境的负面影响。因此，研究在不同施肥制度和种植制度下，获得作物高产、高效的同时，减少对环境的负面影响将成为未来长期定位施肥研究的热点领域。

在作物品质方面，有研究认为长期施用有机肥与化肥配施可以提高小麦籽粒的品质，也有研究认为会降低小麦籽粒的品质。说明同一作物或同一作物的不同品种在不同的研究地点对长期定位施肥的响应效果机制不同，因此，需要进一步研究和探讨长期定位施肥对作物产品品质影响的机制。

与国外同类研究相比，我国的长期定位施肥研究开始的晚，当前研究中得出的结论需要在今后长期定位施肥研究中进行进一步的验证，如不同的肥料配施也对田间杂草的多样性指数、均匀度指数和物种丰富度指数产生影响。

综上所述，当前长期定位施肥对作物效应的研究在整个长期定位施肥研究中所占的比例相对较小，随着对长期定位施肥研究的不断深入和新技术的不断利用，人类对作物产量、品质的要求不断提高以及气候、环境等因素的变化，长期定位施肥对农作物影响的研究将成为倍受人们关注的热点。

# 第二章　长期定位施肥对土壤效应的研究现状

土壤不仅是植物吸收各种养分的载体和媒介，同时也是发生一系列生理生化反应的重要场所，土壤本身各种理化性质的变化对养分的吸收产生着重大的影响。土壤理化性质受外界因子的影响较大，特别是受肥料的影响。长期定位施肥试验信息量丰富、数据准确度高、解释力强，具有常规试验不可比拟的优点，而且通过长期定位施肥研究，能系统地研究不同的施肥制度对土壤物理、化学性质等因子的影响，并做出科学的评价，为农业的可持续发展提供决策依据。土壤是作物吸收养分的贮存库和释放库，是提高农业生产力和粮食产量的重要基础，同时也是农业工作者重点关注的领域。国内外有关长期定位施肥研究发表的论文相当多，主要是围绕“土壤－作物”两方面来进行相关的研究，取得了丰硕的研究成果。本章对国内外长期定位施肥对土壤效应的研究进行总结，以期为我国在未来开展长期定位施肥相关深入的研究工作提供参考。

## 第一节　长期定位施肥对土壤物理和养分效应的影响

### 一、国外长期定位施肥对土壤物理和养分效应的影响

国外的有关研究表明，长期定位施肥对土壤的理化性质会产生较大的影响。在土壤体积质量（容重）上，施用有机肥或者无机肥与有机肥配施可以降低表层 0 ～ 15 cm 土壤体积质量，提高土壤有机碳的含量；而单施无机肥的土壤体积质量值则较大。在法国，石灰性土壤上长期不施肥对土壤交换性钾的含量影响不大，施用少量钾肥基本可以满足作物对钾肥的需求。施用有机肥则可以增加水溶性有机碳的含量，而单施化学肥料则对水溶性有机碳没有

多大的影响。在意大利东北部的黏土、沙土和泥沼质土上，长期施用有机肥可以提高土壤有机碳和腐殖酸态碳的含量。在南美洲，施肥土壤中富里酸、易氧化有机碳含量相对较高，氮磷肥长期配施可以提高土壤易氧化有机碳的含量。在美国的淤泥沃土和黏质沃土上，施氮量≥ 90 kg/hm$^2$时，表层 0 ~ 30 cm 土壤中有机碳含量接近或略高于不施氮肥的土壤。在印度，淋溶土壤上氮磷钾肥配施有机肥可以提高土壤微生物量碳、氮以及水溶性酸性糖的含量。长期施用氮肥有助于提高土壤全氮的含量，而且并不会增加反硝化的潜力。在加拿大韦格勒维尔省的碱性土壤上施用硝酸铵可以降低土壤的 pH；长期施用氮肥降低了土壤微生物量碳氮、矿化碳氮的含量，随着施氮量的增加这种抑制效应逐渐增强。在韩国，水稻土上长期施用氮磷钾肥，土壤无机磷的含量变化不大，施用有机肥可以降低土壤磷的残效性，提高无机磷的含量。

## 二、国内长期定位施肥对土壤物理效应的影响

与国外的长期定位施肥研究相比，我国的长期定位施肥对土壤效应的研究虽然开始的较晚，但是研究的内容相对较丰富。

不同的施肥措施对土壤物理效应（如孔隙度、保水性能、团聚体组成以及土壤复合体的组成等）有较大的影响。在东北棕壤上施用有机肥能够降低土壤体积质量，增加土壤的孔隙度，进而改善土壤的物理特性；在河西走廊旱塬灌漠土上长期施用氮肥、磷肥并配施有机肥可以增大土壤的总孔度、团粒结构；在亚热带红壤上施用有机肥可以明显提高土壤大团聚体的组分含量，减少微团聚体的组分含量。张靓等研究认为，长期施用有机肥或有机无机肥配施，土壤< 10 μm 微团聚体含量减少，10 ~ 250 μm 微团聚体含量增加，土壤结构系数提高，< 10 μm 和> 10 μm 的微团聚体的组成比例显著降低；而且施用高量有机肥能显著增加潮土土壤颗粒的分形维数。对土壤耕层结构的影响，研究表明长期不施肥的紫色土，耕层结构致密，孔隙发育很少，土壤微结构较差；单施化肥，土壤颗粒未形成结构体，孔隙少；施用有机肥或有机无机肥配施，土壤粗颗粒数量显著增加，结构疏松，而且孔隙量大，动、植物残体丰富，有铁锰结核和腐殖质的形成以及土壤微团聚体的发育。此外，长期单施无机肥、有机肥，或有机无机肥配施均能提高潮土和旱地红壤两种土壤的原土复合量，有机无机肥配施还可以提高红壤性水稻土耕层的原土复合量；而且施用有机肥或有机无机肥配施还能提高土壤中 $G_0$、$G_1$ 和 $G_2$ 三组复合体的含量，同时促使水稳性弱的复合体向水稳性强的复合体转

化。关于对土壤水分和二氧化碳排放的影响，研究认为施用有机肥可以提高土壤 0 ~ 15 cm 土层土壤对水分的保蓄能力，降低二氧化碳的排放。

因此，通过长期的定位施肥研究，认为施用有机肥或有机无机肥配施，能够降低土壤的体积质量，增加孔隙度，改变团粒结构和耕层结构等，但是研究所得出的结论是在一定的环境条件下进行的，各个长期定位研究地点生态类型、气候特点以及土壤类型等存在较大的差异，对土壤物理特性中更为深层次的影响，如增加土壤颗粒的分形维数、各组分团聚体的含量以及微团聚体的发育等方面，需要进一步深入研究和探索。

### 三、国内长期定位施肥对土壤养分效应的影响

**1. 土壤有机质**

不同的施肥制度对土壤有机质的影响不同，研究表明：长期单施化肥，土壤有机质、易氧化有机质以及难氧化有机质含量均明显减少；而有机无机肥配施可以显著提高潮土、红壤的土壤有机质含量；在黄土高原地区，施用氮磷钾肥、有机肥或者氮磷钾肥配施有机肥可以增加土壤有机碳含量，同时氮磷肥配施有机肥还可以降低土壤的 pH。土壤有机质的氧化稳定系数也受到施肥制度的影响，长期不施肥或施用常量氮磷钾肥，氧化稳定系数升高，土壤腐殖质组成及其性质均有所恶化；常量氮磷钾肥与有机肥配施，则可明显降低其氧化稳定系数值，提高腐殖质含量及胡敏酸与富里酸（HA/FA）比值，使胡敏酸得到活化和更新。在潮棕壤上，宇万太等研究认为长期施用有机肥土壤的有机碳、易氧化碳、溶解性有机碳、微生物生物量碳、土壤碳素有效率及土壤碳库管理指数等明显高于不施肥的土壤；在黑土上，单施化肥或者化肥配施有机肥均可提高土壤大团聚体内微团聚体之间的粗土壤颗粒有机物值，与不施肥相比分别高 4.9 倍、7.0 倍，同时还提高了大团聚体包裹的微团聚体内和游离微团聚体内的有机碳含量。

**2. 土壤氮**

施肥对土壤氮的影响研究相对较多，主要是围绕氮的吸收、淋溶以及挥发等方面。不同施肥制度对氮的利用率影响较大，单施氮肥，氮的表观利用率很低，仅 0.51%，同时造成土壤硝态氮大量累积和淋移；氮磷钾平衡施肥或者配施有机肥，氮的表观利用率迅速提高，达到 50% 左右，且能有效地缓解土壤中硝态氮的积累。在棕壤上单施化肥对耕层土壤有机氮含量及其组成影响较小，但是配施有机肥后，耕层土壤各形态酸解有机氮的含量都有不同

程度的提高，其中氨基酸态氮的增加最为明显，提高了土壤的供氮潜力。在石灰性潮土和亚热带水稻土上，平衡施肥能提高土壤全氮、速效氮含量，而且配施有机肥能加快氮的积累，而单一或不均衡施肥则严重影响作物对氮的吸收、利用和转化。不同施肥制度对田间的氨挥发影响较大，研究表明在潮土上进行平衡施肥或者有机无机肥配施可以显著减少小麦季土壤氨的挥发损失，而单施氮肥或者有机肥的田间氨挥发量则较高。

**3. 土壤磷**

磷的特性相对较为稳定，在棕壤上单施化学磷肥不能增加土壤中有机磷量，但能够促进各组分间相互转化。单施有机肥或与化肥配施，均能提高土壤中有机磷的含量，且能促进有机磷组分中的稳定性、中等稳定性有机磷向活性有机磷方向转化。在潮土、红壤土上，平衡施肥能提高土壤全磷、速效磷含量，其中与有机肥配施能加快磷的积累。施用有机肥的土壤在 0 ~ 60cm 土层磷素活化系数明显较高，而且施有机肥或与氮肥配施，都能显著降低非石灰性潮土土壤的最大吸磷量、吸附能常数和最大缓冲容量。对有效磷组分的影响，研究表明长期有机肥与化学磷肥配合施用明显地增加了潮土中磷肥的有效性，土壤无机磷的积累以 $Ca_2$–P 和 $Ca_8$–P 为主，其次为 Al–P 和 Fe–P，而 O–P 和 $Ca_{10}$–P 量相对较少。在棕壤上，不施肥或单施氮肥土壤的 Al–P、Fe–P、O–P、$Ca_{10}$–P 含量均减少，各形态无机磷的剖面分布相似，均为先下降而后略微上升。在紫色土上，单施无机磷肥，磷可迁移至 100 cm 土层，OLsen–P 可迁移至 40 cm 土层；有机无机磷肥配施不但使土壤磷可迁移至相同深度，且迁移量加大，OLsen–P 可迁移至 60 cm 土层，施用有机肥促进了磷素从耕层向底层的迁移。

**4. 土壤钾**

施肥是影响土壤供钾能力的重要因素，在黑土上，单施氮肥，土壤的速效钾、缓效钾含量均降低，全钾含量变化不明显；单施有机肥或者有机肥配施氮肥，都能明显提高土壤缓效钾的含量；氮钾肥配施能显著提高水溶态钾的含量。在褐潮土上，氮磷钾均衡施肥能提高土壤速效钾含量，其中氮磷钾配施有机肥能加快土壤钾的积累；在非石灰性潮土上，单施有机肥或有机肥与氮肥配施能增加土壤对钾素的吸附量，施有机肥能增加土壤水溶性钾、交换性钾、非交换性钾、矿物钾及全钾含量，化肥与有机肥配施对土壤钾素的垂直移动影响不大，而且能维持土壤中速效钾的平衡。刘代欢等研究了长期定位施肥蔬菜保护地土壤（$Ca^{2+}$ 饱和）$K^+$ 吸附动力学特性，结果表明 $K^+$ 的吸附速率与反应时间（ln$t$）之间均存在良好的线性关系；长期施肥使潮土中 $K^+$ 解吸速率产生了差异，解吸速率也与 CEC、黏粒含量和高岭石的变化密切相关。

**5. 其他方面**

对其他营养元素的影响，研究表明：在石灰性土壤上长期施用氮磷肥影响硫素在土壤剖面的垂直分布，部分硫素以可溶无机硫酸盐形式被下渗水淋溶到土体的深层累积；在非石灰性潮土上，单施无机氮肥、有机肥或者有机肥与氮肥、氮磷钾配施均可明显提高土壤全硫含量，且施用的有机肥和氮肥越多，土壤全硫含量增加的幅度越大。施用氮肥可以提高土壤中有效铁含量，随着氮肥用量的增加，有效铁含量增加；氮肥与有机肥配施后土壤有效铁含量有所下降；也有研究认为，与不施肥相比，氮磷钾配施、有机无机肥配施使土壤全铁（Fe）、锰（Mn）、铜（Cu）和锌（Zn）呈增加的特点，而土壤有效硼、锌的含量与施化肥的关系不大；土壤有效铜、锌含量的增加是因施肥增加的土壤有机物料使土壤固定态铜、锌活化所致。施肥制度对潮土土壤 $CO_2$ 的排放通量也有一定的影响，对甲烷（$CH_4$）的排放通量影响不大。$CO_2$ 平均排放通量大小依次为：对照＜氮钾配施＜磷钾配施＜氮磷配施＜氮磷钾配施。其中施氮磷、氮钾和氮磷钾配施处理土壤的一氧化二氮（$N_2O$）平均排放通量较大，而不施肥或者磷钾肥配施的土壤 $N_2O$ 平均排放通量较小。在太湖地区的研究表明，施氮肥土壤的矿化率高于氮肥配施有机肥和不施肥，而且 $CH_4$ 排放量也较大，分别是氮肥配施有机肥和不施肥土壤的 3 倍和 27 倍，补施有机肥有助于降低温室气体的排放。

土壤中的养分是作物生长发育必需的营养保证，长期定位施肥研究得出氮磷钾平衡施肥或者有机无机肥配施对不同类型土壤中有机质、氮、磷、钾以及微量元素等养分的含量都有积极的影响，如提高有机含量、氮的吸收利用率、有效磷含量等。但是在不同类型的土壤上，土壤养分对不相同的施肥制度的响应机制不同，如在棕壤上，施磷肥不能增加土壤中有机磷的含量，但能促进各组分间的转化；与有机肥配施后，则能够提高有机磷的含量等。因此，进一步深入研究不同土壤类型中养分对不同施肥制度的响应转化机制和机理将成为未来该领域研究的重点之一。

## 第二节　长期定位施肥对土壤化学和生物学效应的影响

### 一、国外长期定位施肥对土壤化学和生物学效应的影响

国外的有关研究表明：长期施用化肥导致土壤氧化甲烷的能力严重降低，而且肥料的用量越大，氧化能力越弱；施用有机肥的土壤中甲烷氧化率则较高。在德国中部降水较少的地区，长期施用无机氮肥严重抑制甲烷氧化；而在黑泥土上甲烷的氧化程度受土壤 pH 的影响较大，当 pH 为 6 时，化学氮肥严重抑制甲烷氧化细菌的活性，氧化率仅为 0.04 mg/（$m^2$·d），而不施氮肥的氧化率为 0.38 mg/（$m^2$·d）；而且过量使用有机肥严重抑制 $CH_4$ 的氧化。在德国中部，长达 100 年的肥料试验表明，水溶性有机碳是土壤微生物活动的主要碳源，酶活性主要受微生物的影响。施用有机肥能够明显地提高土壤微生物的数量、氨化细菌的活性以及土壤中蚯蚓的数量。化肥配施有机肥可以提高土壤硝化细菌的活性、硝化潜力和土壤微生物量，丛枝菌菌丝和孢子生物量。在瑞典，施用磷肥将降低土壤中丛枝菌丝孢子数，抑制菌丝孢子的繁殖。

### 二、国内长期定位施肥对土壤化学和生物学效应的影响

**1. 土壤腐殖质**

长期施用氮磷钾肥、有机肥或有机无机肥配施均能提高潮土、旱地红壤和红壤性水稻土耕层腐殖质、活性腐殖质、胡敏酸和富里酸的含量。单施有机肥或有机无机肥配施还能提高土壤腐殖质含量和 HA/FA，提高耕层松结态、稳结态和紧结态腐殖质的含量。在东北黑土上，有机无机肥配施土壤的松结态腐殖质含量高于单施无机肥，但相对含量呈现相反趋势；稳结态腐殖质相对较稳定，没有明显变化；长期施用有机肥后土壤松与紧比值减小。在潮土上，与不施肥对照相比，单施有机肥或者无机有机肥配施均可显著提高土壤腐殖质中胡敏酸的含量；长期施用有机肥不仅能显著提高土壤中有机碳、腐殖质及胡敏酸、富里酸的含量，而且能提高耕层土壤 HA/FA，促进土壤有机碳活化与更新，改善腐殖质的品质；在等氮量的条件下，长期有机无机肥配施比常量有机肥处理更能提高耕层土壤 HA/FA。史吉平等研究得出有机肥或有机无机配施均能降低潮土和旱地红壤胡敏酸的 E4 和 E6 值，提高土壤富里酸和红壤性水稻土胡敏酸的 E4 和 E6 值以及土壤胡敏酸和富里酸的紫外吸收光谱

值和总酸性基、羧基和酚羟基含量；而单施化肥对胡敏酸和富里酸含氧功能团含量的影响不大。

**2. 土壤微生物**

土壤中微生物的数量、种类以及微生物活性受环境因子的影响较大，同时受肥料特别是有机肥的影响也较大。施用有机肥土壤的微生物多样性指数最高，微生物种类多，群落结构也较复杂。在紫色水稻土上，与长期单施化肥相比，有机无机肥配施提高土壤的硝化作用和土壤硝化细菌的分子多样性。在东北黑土上，施用有机肥可显著提高土壤有机磷矿化细菌、土壤水溶性磷细菌的数量。在潮土上，长期施有机肥或无机肥均有利于提高土壤细菌和放线菌数量，而且有机肥优于无机肥，但只有施有机肥才能显著提高土壤真菌数量和土壤呼吸强度；平衡施肥土壤中细菌和真菌的数量明显高于缺肥土壤，且平衡施肥土壤中微生物代谢活动的效率较高。单施有机肥或者与无机肥配施，能显著增加非石灰性潮土土壤中细菌、真菌和放线菌的数量，明显提高蜱螨类、弹尾类、线虫类等土壤动物的数量。在东北黑土、南方红壤以及新疆的灰漠土上，单施有机肥或者与无机肥配施的土壤中蚯蚓种群数量以及个体数量明显高于单施无机肥的土壤。

**3. 土壤酶**

对土壤酶活性的影响，研究认为长期施秸秆有机肥或氮磷钾肥能提高潮土中土壤蔗糖酶、脲酶、磷酸酶、蛋白酶、转化酶的活性，降低过氧化氢酶的活性；施用有机肥可以提高土壤脱氢酶活性，降低土壤中微生物的污染。在褐潮土上，氮磷钾肥与有机肥长期配合施用能明显增强土壤中转化酶、磷酸酶、脲酶、蔗糖酶、脲酶、磷酸酶的活性，降低土壤中过氧化氢酶的活性。但在无石灰性潮土上，长期单施有机肥或与无机肥配施均能显著增强土壤中脲酶、蛋白酶、磷酸酶和蔗糖酶的活性。在黄土上，长期施肥土壤的脲酶、碱性磷酸酶、转化酶和过氧化氢酶活性均明显提高，其中有机肥（秸秆、厩肥）配施的效果最好。与不施肥对照相比，单施有机肥或者与无机肥配施均可显著提高潮土中土壤微生物的生物量碳和转化酶的活性。长期的不同施肥制度下，黑土磷酸酶活性大小依次为：中性磷酸单酯酶＞磷酸二酯酶＞磷酸三酯酶。其中施用有机肥可以降低中性磷酸单酯酶活性，提高磷酸二酯酶活性，施用无机肥则相反；而施肥对磷酸三酯酶活性的影响较小。也有研究认为长期定位施肥对土壤酶活性影响不显著，在太湖地区水稻土上，不同施肥制度对稻、麦两季 5 种土壤酶活性影响没有明显差异，有机肥与无机肥配施土壤的酸性磷酸酶活性仅在水稻生长季高于小麦生长季。

**4. 土壤农药**

长期施肥对农药在土壤中的降解有较大的影响：在褐潮土上，氮磷钾肥与有机肥配施明显加快莠去津在土壤中的降解速率；无论在好氧或厌氧条件下，在红壤上有机肥单施或有机无机肥配施能显著加速五氯酚在土壤中的消解。在含有莠去津的土壤上，施氮磷钾肥对褐潮土的土壤呼吸表现出一定的促进作用，而且这种作用随土壤中莠去津浓度的增大而增强。氮磷钾肥配施秸秆肥也表现出明显的促进作用，但是氮磷钾肥与有机肥配施则表现为一定的抑制作用。

**5. 土壤重金属**

施肥对土壤重金属的含量也有较大的影响，研究表明：长期施用磷肥和高量有机肥会增加棕壤土壤中镉（Cd）的含量，同时 Cd 的累积与施肥密切相关。在潮土上，单施氮肥对土壤重金属影响不大，但配施有机肥后，土壤的 Zn、汞（Hg）含量较高。施磷肥增加了土壤重金属含量，特别是 Cu、Zn、Hg 增加幅度较大。在垆土、潮土上，氮磷肥与有机肥配施、氮磷肥 + 秸秆覆盖、氮磷肥 + 有机肥 + 秸秆覆盖对土壤 Cd、铬（Cr）、镍（Ni）的影响不显著，但能增加土壤 Cu、Zn、砷（As）、铅（Pb）的含量，降低土壤 Hg 含量；在棕壤上，化肥配施高量有机肥能增大 0 ~ 20 cm 土层土壤的 Cu、Zn、Pb、Cd 的含量。在湖南桃源、祁阳和河南封丘的长期定位施肥研究表明，在 0 ~ 100 cm 土层深的土壤重金属 Hg 的含量主要受成土母质的影响，施化肥和有机肥不会增加土壤 Hg 的含量。

未来农田土壤生态、环境的健康可持续发展、粮食安全、气候变化等均是国内外关注的热点问题，均与土壤化学、生物学效应密切相关，进一步深入研究不同施肥制度下对各种土壤类型的化学效应、生物学效应，以便从土壤学的深层机制上研究解决上述问题关键调控环节，从而为探寻合适的解决途径提供支撑。

## 三、未来长期定位施肥在土壤领域研究的重点及发展趋势

通过对国内外长期定位施肥对土壤效应的研究分析可以看出，不同的施肥制度对土壤物理性质、养分状况、土壤动物、微生物以及酶的活性等影响不同。均衡配施氮磷钾肥或无机有机肥配施一方面改善了土壤的物理性状，如降低体积质量、改善土壤结构、提高土壤团聚体含量以及土壤对水分的保

蓄能力等；另一方面在改变土壤的养分状况，如提高土壤有机质、速效氮、磷、钾的含量，提高土壤蔗糖酶、脲酶、磷酸酶、蛋白酶、转化酶的活性，加快农药在土壤中的降解速率等土壤特性的同时，施用有机肥又加大了土壤重金属累积量。

因此，未来长期定位施肥对土壤效应的研究应集中在以下几个方面：

（1）不同施肥制度在土壤各种效应的研究上取得了许多有价值的研究成果，如上所述，今后还要从机制上进一步深入研究和探讨，来揭示和阐述施肥后产生这些结果的原因。同时，我国幅员辽阔，气候生态类型以及土壤类型多样，各个长期定位施肥研究地点之间的气候类型、土壤类型差异较大，大量的研究证明有机肥无机肥配施以及氮磷钾化肥配施均能改善土壤的某些理化性质，获得较高的土地生产力。但是从地力培育的角度去研究土壤理化特性改变的机制，当前研究和报道的相对较少。

（2）大量研究表明，造成水体富营养化、地下水污染以及温室效应等全球生态环境恶化的主要原因之一是农田过量施用化肥，超过了作物对养分的需求量。在过量施肥条件下,改进种植制度可以减少对环境的负面影响。因此，研究在不同施肥制度和种植制度下，获得作物的高产、高效的同时，如何减少对环境的负面影响将成为未来长期定位施肥研究的热点领域。

（3）随着科技的不断发展，新技术、新兴学科的诞生，不仅为进一步研究长期定位施肥提供了更为有利的工具，同时也拓宽了研究土壤领域的广度和深度，土壤不仅要生产出健康的食物，同时还要减少对环境的影响以及应对未来全球气候、生态条件下土壤自身功能的改善等。

总之，长期定位施肥对土壤各方面的影响一直是科研人员关注的领域，随着对长期定位施肥研究的不断深入，人类对作物产量、品质的要求不断提高以及气候、环境等因素的变化，长期定位施肥在土壤领域的研究将成为继续关注的热点领域。

# 第三章　施肥对小麦年际间产量构成的研究

## 第一节　不同施肥措施对小麦年际间产量构成的影响

小麦是我国重要的粮食作物，小麦生产在满足人类食物供给、保障粮食安全、维护社会稳定等方面意义重大。施肥措施对小麦生长发育和养分吸收等影响较大。已有研究表明，与不施肥比，氮磷钾（NPK）配施能明显提高小麦籽粒蛋白质、氨基酸含量，改善小麦品质；氮磷钾（NPK）配施能明显提高籽粒湿面筋和蛋白质含量，有机、无机肥配施可以提高籽粒蛋白质含量。但也有研究认为长期氮磷钾与有机肥配施降低了籽粒蛋白质、干湿面筋含量以及沉降值，降低其品质。氮磷钾（NPK）配施或配施有机肥，均可提高小麦产量，且氮磷钾（NPK）配施增产效果显著。国外的研究也认为麦田长期化肥与有机肥配施可以获得较高产量。与单施无机肥比，有机无机肥配施可以降低灌浆期小麦旗叶膜脂过氧化，提高光合速率。此外，施有机肥可以使小麦均衡吸收养分（氮、磷、钾）。小麦产量构成受施肥措施的影响较大，与不施肥或缺素施肥相比，氮磷钾（NPK）配施以及氮磷钾（NPK）配施有机肥或秸秆还田有助于小麦对土壤中氮素的吸收，延长灌浆时段，获得较高的籽粒产量。小麦生长与施肥、品种、稳定性等关系密切，有关施肥对小麦产量年际间波动情况的报道较少。因此，长期不施肥、氮磷钾（NPK）配施以及氮磷钾（NPK）与有机肥或秸秆配施为基础，研究小麦年际间产量及构成的变化特点，探讨产量构成在不同施肥措施下的年际间变异特点，有助于制定合理的栽培技术和施肥措施，对指导小麦生产具有重要的意义。

## 一、材料与方法

**1. 试验地概况**

试验地位于黄淮海平原郑州国家潮土土壤肥力与肥料效益监测站（34°47′N,113°40′E），四季分明，气候类型为暖温带季风气候，年平均气温14.4℃，>10℃积温约5 169℃。7月最热，平均27.3℃；1月最冷，平均0.2℃；年平均降水量645 mm，无霜期224 d，年平均蒸发量1 450 mm，年日照时间约2 400 h。土壤类型为潮土。基础土壤样品的养分情况为：pH8.3、土壤有机质10.1 g/kg、土壤碱解氮76.6 mg/kg、有效磷6.5 mg/kg、有效钾74.5 mg/kg、土壤全氮0.65 g/kg、土壤全磷0.64 g/kg、土壤全钾16.9 g/kg。

**2. 试验设计**

试验小区为完全随机排列，研究选取的5个施肥处理：CK（种植小麦，不施肥）、NPK（施氮磷钾化肥）、NPKM（M指有机肥，有机肥+氮磷钾化肥）、NPK1.5M（1.5指有机肥用量为1.5倍）、NPKS（S指玉米秸秆，秸秆还田+氮磷钾化肥），小区面积为（5×9）$m^2$，每个处理重复3次。施用的氮肥为尿素[CO（$NH_2$）$_2$]，磷肥为磷酸二氢钙[Ca（$H_2PO_4$）$_2$]，钾肥为硫酸钾（$K_2SO_4$）。除不施肥（CK）处理外，NPK、NPKM、NPKS处理的施氮量（或标准）相同，NPK1.5M处理无机肥施用量与NPKM处理相同，有机肥则是NPKM处理的1.5倍，所有施肥处理的磷肥、钾肥以及有机肥等作基肥一次施入，无机氮肥的基肥与追肥比为6 ∶ 4。各处理施肥量见表3-1。试验选用的小麦品种为郑麦9023，播量为150 kg/$hm^2$，行距23 cm，播种和收获日期在年际间差别不大，均在当年10月中上旬播种，翌年6月上旬收获。各处理的田间管理在当年的生长季均保持一致。

表3-1　不同施肥措施下的氮肥、磷肥、钾肥以及有机肥的施用量

（单位：kg/$hm^2$）

| 处　理 | 无机肥 | | | 有机肥 |
|---|---|---|---|---|
| | N | $P_2O_5$ | $K_2O$ | |
| CK | 0 | 0 | 0 | 0 |
| NPK | 165 | 82.5 | 82.5 | 0 |
| NPKM | 49.5 | 82.5 | 82.5 | 115.5 |
| NPK1.5M | 49.5 | 82.5 | 82.5 | 173.2 |
| NPKS | 49.5 | 82.5 | 82.5 | 115.5 |

**3. 分析方法**

变异系数：是指研究期间同一指标测定的所有数据标准差与其平均值的比值，用以反映出该因子在研究期间的稳定程度。

当季小麦成熟期取 0.5 m 行长的植株样品进行考种，测定群体穗数、穗粒数及千粒质量；小区实收 5 $m^2$ 计算产量，数据整理和统计分析使用 Excel 2003、DPS 7.05 等工具进行统计方差分析。

## 二、结果与分析

### 1. 不同施肥措施下小麦群体穗数、穗粒数、千粒质量的年际间变化

由表 3–2 可以看出，CK 处理的平均群体穗数（305.8 万穗 /$hm^2$）最小，而 NPK、NPKM、NPK1.5M、NPKS 处理的平均群体穗数较高，分别达到 604.7 万穗 /$hm^2$、558.6 万穗 /$hm^2$、646.7 万穗 /$hm^2$、609.3 万穗 /$hm^2$。在连续 9 年（2000 ~ 2008）中，CK 处理的群体穗数在年际间波动的幅度较大，而 NPK、NPKM、NPK1.5M、NPKS 施肥处理的年际间波动幅度相对较小；CK、NPKS 处理的群体穗数总变异较大，变异系数分别为 19.2%、19.7%，而 NPK、NPKM、NPK1.5M 处理的总变异则相对较小，变异系数分别为 11.3%、15.5%、15.9%，说明群体穗数的年际间稳定性受施肥的影响也较大。

不同施肥措施下穗粒数的年际间变化情况，由表 3–3 可以看出，CK（15.4 粒 / 穗）的平均穗粒数最少，而 NPK、NPKM、NPK1.5M、NPKS 处理的较多，分别为 28.0 粒 / 穗、25.0 粒 / 穗、24.8 粒 / 穗、25.2 粒 / 穗。各处理穗粒数的年际间均有波动，穗粒数变异系数以 CK（24.6%）处理的最大，NPK1.5M（20.1%）次之，NPK（14.3%）、NPKM（14.8%）、NPKS（13.2%）相对较小。反映出 NPK、NPKM、NPKS 处理有利于保持穗粒数的稳定性。

千粒质量方面，由表 3–4 可知，CK 处理的平均千粒质量最小，为 42.1 g，NPK、NPKM、NPK1.5M、NPKS 处理的平均千粒质量则相对较大，分别达到 44.2 g、47.7 g、44.8 g、46.7 g。各处理的千粒质量变异系数均较小，CK、NPK、NPKM、NPK1.5M、NPKS 处理分别为 14.2%、11.3%、8.1%、11.2%、8.4%。

此外，同一施肥措施下小麦群体穗数、穗粒数、千粒质量的总变异大小不同。CK、NPK1.5M 处理为：穗粒数 > 群体穗数 > 千粒质量。NPK 处理为：穗粒数 > 群体穗数＝千粒质量。NPKM、NPKS 处理为：群体穗数 > 穗粒数 > 千粒质量。

表3-2　不同施肥措施下小麦群体穗数、穗粒数、千粒质量及年际间的变化情况

| 产量构成 | 年份 | CK | NPK | NPKM | NPK1.5M | NPKS |
|---|---|---|---|---|---|---|
| 群体穗数（万穗/hm²） | 2000 | 255.0ef | 622.5ab | 453.0c | 540.0c | 502.5bc |
| | 2001 | 378.0ab | 540.0bc | 555.0abc | 600.0bc | 570.0bc |
| | 2002 | 229.5f | 555.0bc | 480.0bc | 690.0ab | 569.0bc |
| | 2003 | 306.0d | 627.0ab | 592.5ab | 666.0abc | 553.5bc |
| | 2004 | 348.0bc | 613.5ab | 547.5abc | 783.0a | 711.0a |
| | 2005 | 278.7de | 681.0a | 586.2abc | 655.2abc | 465.5c |
| | 2006 | 392.2a | 669.5a | 635.9a | 543.3c | 748.0a |
| | 2007 | 312.5cd | 615.0ab | 563.0abc | 715.0ab | 740.5a |
| | 2008 | 252.7ef | 518.8c | 614.7a | 628.1bc | 623.7ab |
| | 平均值 | 305.8 | 604.7 | 558.6 | 646.7 | 609.3 |
| 变异系数（%） | | 19.2 | 11.3 | 15.5 | 15.9 | 19.7 |

注：同一列中不同小写字母代表不同年份间 $P<0.05$ 差异水平。

表3-3　不同施肥措施下小麦穗粒数及年际间的变化情况

| 产量构成 | 年份 | CK | NPK | NPKM | NPK1.5M | NPKS |
|---|---|---|---|---|---|---|
| 穗粒数 | 2000 | 17.6ab | 32.8ab | 21.4d | 21.5cde | 24.6bcd |
| | 2001 | 14.0bcd | 29.0bc | 26.0b | 27.0bc | 27.0b |
| | 2002 | 19.9a | 22.0e | 22.0cd | 19.0e | 20.0e |
| | 2003 | 13.1bcd | 28.8c | 23.4bcd | 25.0bcd | 23.5cd |
| | 2004 | 13.3bcd | 27.3cd | 26.0b | 25.0bcd | 27.0b |
| | 2005 | 17.3abc | 27.7cd | 25.0bc | 28.5ab | 22.3de |
| | 2006 | 11.1d | 23.9de | 23.4bcd | 20.5de | 25.5bc |
| | 2007 | 19.2a | 33.2a | 33.1a | 33.1a | 31.3a |
| | 2008 | 12.9cd | 26.9cd | 24.7bcd | 24.0bcde | 25.9bc |
| | 平均值 | 15.4 | 28.0 | 25.0 | 24.8 | 25.2 |
| 变异系数（%） | | 24.6 | 14.3 | 14.8 | 20.1 | 13.2 |

注：同一列中不同小写字母代表不同年份间 $P<0.05$ 差异水平。

表3-4　不同施肥措施下小麦千粒质量及年际间的变化情况

| 产量构成 | 年份 | CK | NPK | NPKM | NPK1.5M | NPKS |
|---|---|---|---|---|---|---|
| 千粒质量（g） | 2000 | 39.8d | 36.3e | 48.4de | 48.4c | 47.8d |
| | 2001 | 28.0f | 44.6cd | 43.6g | 39.1f | 41.8g |
| | 2002 | 44.5bc | 47.0bc | 50.1b | 45.0d | 48.7c |
| | 2003 | 47.7a | 44.5cd | 47.6e | 45.3d | 46.8e |
| | 2004 | 45.9ab | 50.0a | 54.5a | 50.7b | 50.1b |
| | 2005 | 37.8e | 36.4e | 41.3h | 36.6g | 40.3h |
| | 2006 | 46.8a | 42.6d | 45.0f | 42.5e | 44.1f |
| | 2007 | 44.3bc | 47.9ab | 48.8cd | 42.9e | 47.9cd |
| | 2008 | 43.7c | 48.9ab | 49.9bc | 52.4a | 53.1a |
| | 平均值 | 42.1 | 44.2 | 47.7 | 44.8 | 46.7 |
| 变异系数（%） | | 14.2 | 11.3 | 8.1 | 11.2 | 8.4 |

注：同一列中不同小写字母代表不同年份间 $P<0.05$ 差异水平。

### 2. 不同施肥措施下 2000 ~ 2008 年气象因子的特征分析

研究期间（2000 ~ 2008 年）的主要气象因子，由图 3–1、图 3–2 可以看出，1 ~ 12 月的温度和风速的变化趋势总体上符合该地区的温度、风速变化特点，没有出现较大的温度差和极端风速天气。由图 3–3、图 3–4 可以看出，小麦生长期间的日照和降水因子中，尽管降水因素在年际间存在较大的差别，但是由于试验地灌溉设施完备，小麦产量受水分限制的作用较小。日照方面，由图 3–3 可以看出，在 2000 ~ 2008 年各月的日照时数在年际间存在较大的差异，特别是当年 10 月至翌年 6 月，相同月份的日照时数存在较大的差异。

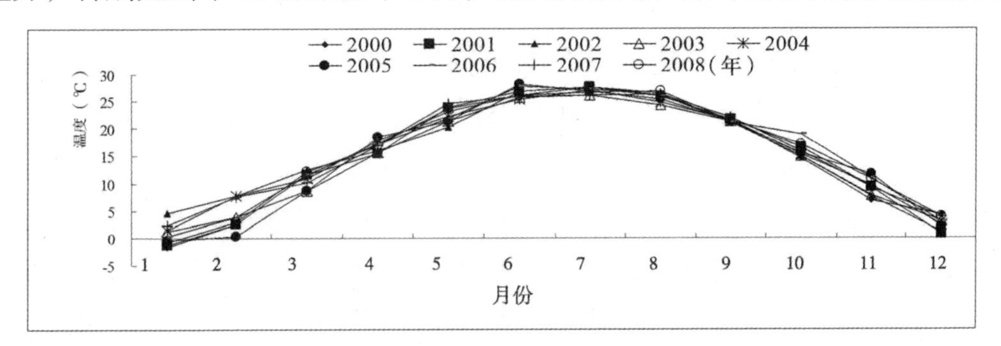


图3–1　不同处理年际间田间温度的变化

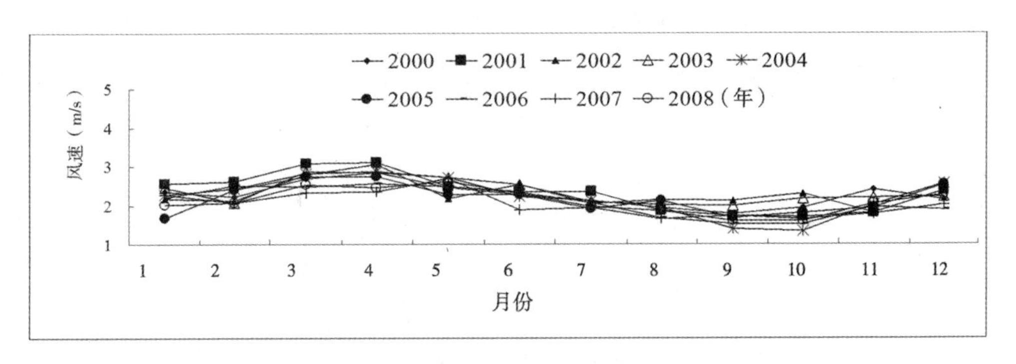


图3–2　不同处理年际间田间风速的变化

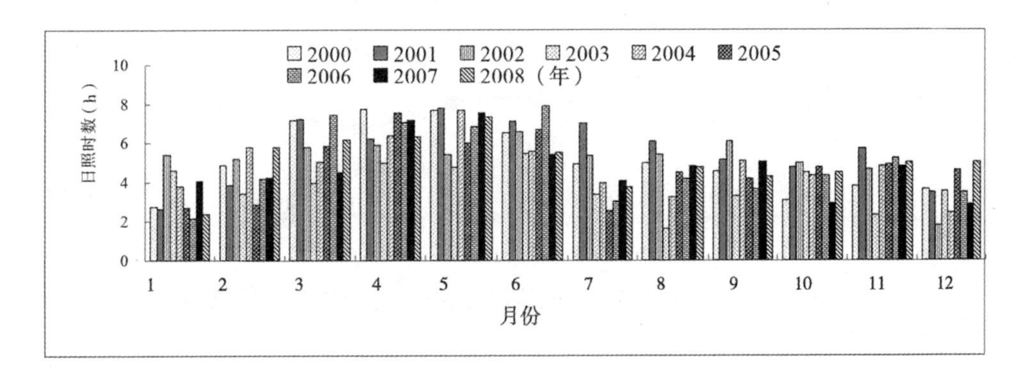


图3–3　不同处理年际间日照的变化

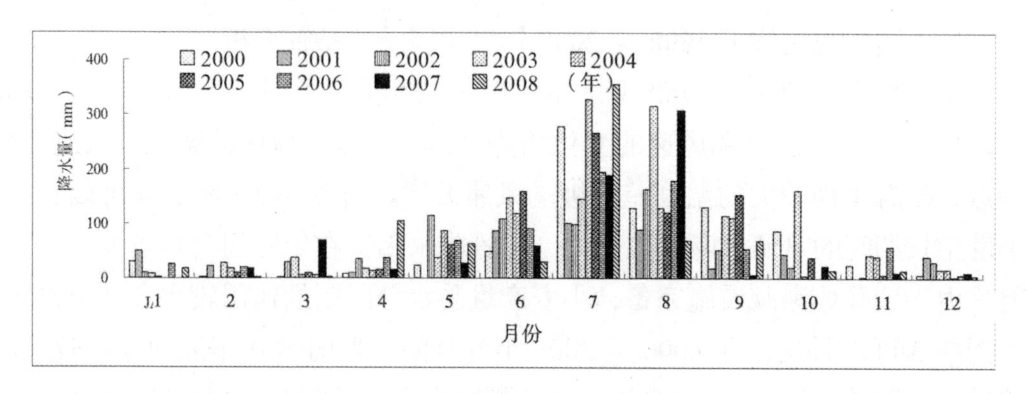


图3-4　不同处理年际间田间降水的变化

### 3. 不同施肥措施下小麦籽粒产量的比较

由图 3-5 可以看出，CK 处理的产量在 9 年中均处于较低的水平，年平均仅为 1 577.8 kg/hm$^2$；而 NPK、NPKS、NPKM、NPK1.5M 施肥处理的产量则较高，年平均分别为 6 700.3 kg/hm$^2$、6 368.0 kg/hm$^2$、6 031.7 kg/hm$^2$、6 472.7 kg/hm$^2$。其中，NPK 处理产量水平总体较高，NPKS 和 NPK1.5M 处理次之，NPKM 处理的相对较低。此外，NPK、NPKS 施肥处理在连续 9 年（2000 ~ 2008 年）中有 2 个产量高峰，而 NPKM、NPK1.5M 处理则有 1 个产量高峰；各施肥处理在 2002 年、2004 年、2005 年、2006 年产量波动幅度较大，表现出较大的年际间产量差。从连续 9 年（2000 ~ 2008 年）的产量波动情况来看，NPK 和 NPKS 处理总体波动幅度较大，NPKM 和 NPK1.5M 处理波动幅度相对较小。

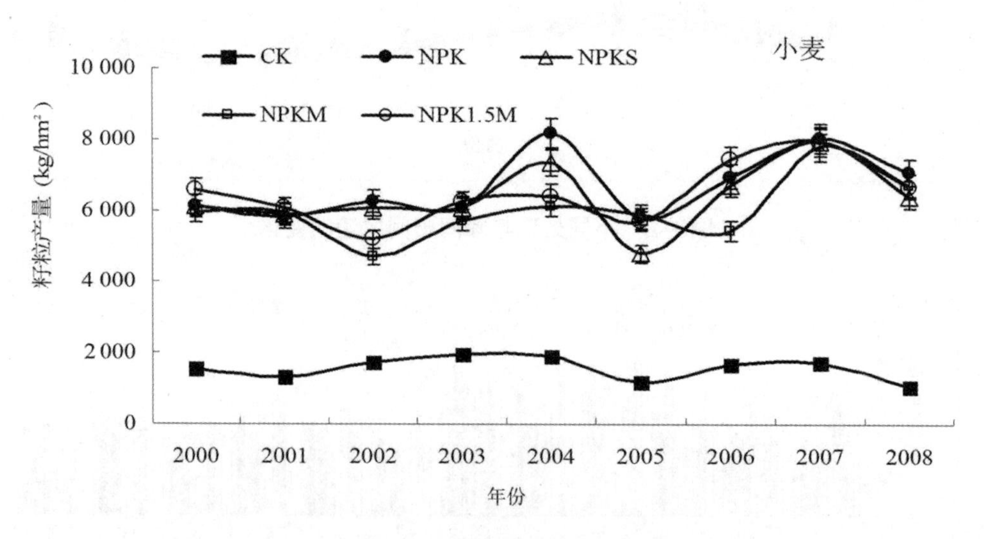


图3-5　2000 ~ 2008年不同施肥措施下小麦籽粒产量的变化

## 三、讨论

有研究表明，长期有机、无机肥配施可以提高小麦产量，本研究中的 NPK、NPKS、NPKM、NPK1.5M 施肥措施可以获得较高的产量，年平均分别达到 6 700.3 kg/hm$^2$、6 368.0 kg/hm$^2$、6 031.7 kg/hm$^2$、6 472.7 kg/hm$^2$，远高于长期不施肥（CK）处理。但是，在本研究中，有机、无机肥配施的小麦产量均低于 NPK 施肥处理，与已有报道 NPK 配施有机肥的产量高于单施化肥存在差异。除 NPK1.5M 处理外，其他施肥处理的施氮量（165 kg/hm$^2$）均相等，NPK、NPKM、NPKS 施肥措施有助于小麦各生育期（尤其是灌浆期）各器官对土壤氮素的吸收利用，能显著提高各生育阶段的田间群体数和有效穗数；与不施肥相比，NPK 处理比 NPKM、NPKS 处理可以延长氮吸收高峰期 7 d 左右。说明本研究中等氮量施肥方式，由于有机肥中氮的迟效性容易造成小麦生长后期氮供应暂时的不足，这就较好地解释了本研究中 NPKM、NPKS 施肥处理的产量低于 NPK 施肥的原因；而高氮（N>165 kg/hm$^2$）的 NPK1.5M 处理的小麦产量高于 NPKM、NPKS 处理，更进一步证明了氮素形态的差异对小麦籽粒产量的影响。施肥措施对不同基因型小麦的年际间产量及构成有一定的影响，连续 9 年在作物品种、施肥处理、田间管理等（气候因子除外）一致的条件进行的，不同施肥措施对同一小麦品种的小麦群体穗数、穗粒数、千粒质量的影响存在差异。CK、NPK1.5M 处理下：穗粒数最容易受影响，其次为群体穗数，千粒质量则较为稳定。NPK 处理下：穗粒数最容易受影响，群体穗数和千粒质量则较为稳定。NPKM、NPKS 处理下：群体穗数最容易受影响，其次为穗粒数，千粒质量则较为稳定。这说明通过施肥措施可以来调节小麦产量构成，从而达到抗灾减灾，夺取高产的效果。

在等氮量（165 kg/hm$^2$）施肥条件下，NPK 和 NPKM 处理的群体穗数、穗粒数及千粒质量总变异系数较小；增加氮肥（NPK1.5M）施用量，尽管穗粒数和千粒质量的总变异系数不大，但是获得了较高的产量，同时也增大了群体穗数总变异程度，这反映出本研究的等氮量施肥是适宜的，通过调整有机肥无机肥的比例就有可能获得 NPK 施肥处理的产量。

此外，本研究中小麦产量构成的年际间差异也受气候因子中的温度、风速、降水和日照时数等因素影响。研究期间（2000 ~ 2008 年）1 ~ 12 月的温度和风速的变化趋势总体上符合该地区温度、风速变化特点，没有出现较大的温度差和极端风速天气。而试验地灌溉设施完备可以弥补降水因素在年际间存在的差别；日照条件上，在试验期间的年际间存在较大的差异，特别是当年 10 月至翌年 6 月，相同月份的日照时数存在较大差距。显然日照时数是造成差异的另一个重要因子。

### 四、结论

本研究表明，与 CK（不施肥）比，施肥能够首先维持群体穗数的稳定性，其次是穗粒数和千粒质量。同一施肥措施下产量构成的总变异大小不同，CK、NPK1.5M 产量构成的总变异顺序为：穗粒数 > 群体穗数 > 千粒质量。NPK 处理为：穗粒数 > 群体穗数 = 千粒质量。NPKM、NPKS 处理为：群体穗数 > 穗粒数 > 千粒质量。NPKS 施肥措施下群体穗数的稳定性较差，而 NPK1.5M 施肥措施下穗粒数的稳定性较差，4 种施肥措施下千粒质量的稳定性基本一致。群体穗数的变异系数依次为 NPK（11.3%）、NPKM（15.5%）、NPK1.5M（15.9%）、CK（19.2%）、NPKS（19.7%）。CK、NPK、NPKM、NPK1.5M、NPKS 处理的穗粒数、千粒质量的变异系数分别为 24.6%、14.3%、14.8%、20.1%、13.2% 和 14.2%、11.3%、8.1%、11.2%、8.4%。

在小麦生产中氮肥投入一定的前提下，配施有机肥的同时应适当增大化学氮肥投入量来促进小麦群体穗数、穗粒数和千粒质量的稳定性，做到既保护环境，又可获得更高的籽粒产量。此外，由于本研究的试验材料受市场和试验执行人员科技能力差异等因素的影响，所得结论有待于进一步深入地研究和验证。

## 第二节　缺素施肥措施对小麦年际间产量构成的影响

### 一、材料和方法

**1. 试验地概况**

试验地位于黄淮海平原国家潮土土壤肥力与肥料效益郑州长期监测站（34°47′N，113°40′E），四季分明，气候类型为暖温带季风气候，年均气温 14.4℃，> 10℃积温约 5 169℃。7 月最热，平均 27.3℃；1 月最冷，平均 0.2℃；年均降水量 645 mm，无霜期 224 d，年均蒸发量 1 450 mm，年日照时数约 2 400 h。试验开始时（1990 年）基础土壤养分情况为：土壤有机质 10.1 g/kg、土壤碱解氮 76.6 mg/kg、有效磷 6.5 mg/kg、有效钾 74.5 mg/kg、土壤全氮 0.65 g/kg、土壤全磷 0.64 g/kg、土壤全钾 16.9 g/kg。

**2. 试验设计**

试验设6个长期定位施肥方式：CK（不施肥）、N（仅施氮肥）、NK（配施氮、钾肥）、NP（配施氮、磷肥）、PK（配施磷、钾肥）、NPK（配施氮、磷、钾肥）。其中氮肥为尿素，磷肥为磷酸二氢钙，钾肥为硫酸钾。除CK处理外，其他施肥处理的施氮量相同，磷、钾肥作基肥一次施入，氮肥的基肥与追肥比为4：6，在小麦返青期进行追肥，各处理具体施肥量见表3-5。1990～2001年选用的小麦品种及其亲本来源见表3-6，所有品种均在当年10月中上旬播种、翌年6月上旬以前收获，各小麦品种的播种量均为该品种审定公布的最佳栽培管理播种量。

**表3-5　长期定位施肥各处理施肥量**

（单位：$kg/hm^2$）

| 处理 | N | $P_2O_5$ | $K_2O$ |
|---|---|---|---|
| CK | 0 | 0 | 0 |
| N | 165 | 0 | 0 |
| NK | 165 | 0 | 82.5 |
| NP | 165 | 82.5 | 0 |
| PK | 0 | 82.5 | 82.5 |
| NPK | 165 | 82.5 | 82.5 |

**表3-6　供试品种及双亲的系谱基本信息**

| 种植年份 | 品种 | 系谱 |
|---|---|---|
| 1991 | 豫麦13 | 百农3217｛亲本来源:K（阿夫 ×j-乡5号）F-× 咸农39 F:×［西农64（4）43选系2× 偃大24］Fl｝× 抗病优质小麦新品种系9612-2 |
| 1993～1994 | 临汾7203 | 沙瑞克/3029/3/74100/蚰包036/小偃759系多交后代 |
| 1995～1996 | 郑州941 | 冀54× 墨西哥veery“s” |
| 1997～1998 | 豫麦47 | 豫麦2号［亲本来源:65（43）3× 抗辉红］× 百泉3199F1 |
| 1999 | 郑州8998 | 郑州79201/山东215953//豫麦13 |
| 2000～2001 | 郑麦9023 | {（小偃6号 × 西农65）×[83（2）-3×84（14）×43]}F3× 陕213 |

**3. 分析方法**

因郑州 8998 品种系谱来源中有豫麦 13，故将其与豫麦 13 归为一类作为豫麦 13 的亲缘系进行分析。在小麦成熟期取 0.5 m 行长的植株样品进行考种，测定群体穗数、穗粒数及千粒质量；小区实收 5 $m^2$ 计算产量。

**4. 数据处理**

数据整理采用 Excel 2003，统计分析使用 DPS7.05。

## 二、结果与分析

**1. 施肥方式对不同小麦品种年际间产量构成的影响**

由表 3–7 可以看出，不同施肥方式下不同品种小麦群体穗数在年际间发生了一定的变化。有亲缘关系的豫麦 13 和郑州 8998 年际间穗数仅在 CK 和 PK 处理中没有差异性，在 N、NP、NK、NPK 处理中则表现出极显著的差异性；临汾 7203 在 CK、N、NP、PK 处理中差异较大，达到显著或极显著水平，在 NK、NPK 处理中则没有明显差异；郑州 941 在 CK、NP、PK、NPK 处理中差异较大，达到显著或极显著水平；豫麦 47 仅在 N 处理中差异显著，其他处理则没有明显差异；郑麦 9023 在缺素施肥处理（CK、N、PK、NK）中差异较大，而在 NPK 处理中则相对较稳定。

由表 3–7 可以看出，不同施肥方式下不同品种小麦穗粒数和千粒质量在年际间也发生了一定的变化。豫麦 13 和郑麦 8998 年际间穗粒数在 CK、N、NK 处理中差异显著，而 NP、PK、NPK 处理中差异则不显著；临汾 7203 年际间穗粒数在 N、NP、PK、NPK 处理中差异较大，达到显著或极显著水平；郑州 941 则在 CK、NP、NK、PK 处理中差异极显著；同样，豫麦 47 在 N、NK、PK、NPK 施肥处理中差异极显著；除 CK、NP、NPK 处理外，郑麦 9023 在其他处理中的差异极显著。施肥方式对豫麦 13、郑州 8998、临汾 7203、郑州 941、豫麦 47、郑麦 9023 年际间千粒质量影响均较大，处理年际间千粒质量差异达到显著或极显著水平。

表3-7　不同小麦品种在不同施肥方式下的年际间群体穗数、穗粒数、千粒质量变化

| 品种 | 群体穗数（万穗 /hm$^2$） | | | | | | 穗粒数（粒 / 穗） | | | | | | 千粒重（g） | | | | | |
|---|---|---|---|---|---|---|---|---|---|---|---|---|---|---|---|---|---|---|
| | CK | N | NP | NK | PK | NPK | CK | N | NP | NK | PK | NPK | CK | N | NP | NK | PK | NPK |
| 豫麦13 | 280.5aA | 616.5aA | 750.0aA | 765.0aA | 274.5aA | 700.5aA | 15.9bB | 27.9aA | 24.9aA | 26.9bB | 23.0aA | 29.2aA | 40.6aA | 40.5aA | 39.9aA | 41.2aA | 41.2aA | 38.4aA |
| 郑州8998 | 307.5aA | 334.5bB | 600.0bB | 310.5bB | 266.0aA | 622.5bB | 24.9aA | 21.8bB | 26.5aA | 33.1aA | 24.5aA | 32.2aA | 41.1aA | 40.7aA | 35.5bB | 39.7bA | 38.0bB | 35.6bB |
| 临汾7203 | 160.5bB | 181.5bA | 412.5aA | 223.5aA | 133.5bB | 453.5aA | 26.4aA | 39.6aA | 28.7bB | 26.8aA | 26.3aA | 35.9aA | 38.3aA | 34.4bB | 29.5bB | 35.5bB | 41.5aA | 35.6bB |
| | 234.0aA | 205.5aA | 360.0bA | 223.5aA | 250.5aA | 412.5aA | 27.2aA | 25.5bB | 36.2aA | 28.1aA | 19.4bB | 32.7bA | 37.7bA | 35.0aA | 40.0aA | 36.6aA | 39.1bB | 41.3aA |
| 郑州941 | 204.0bA | 220.5aA | 486.0bB | 234.0aA | 281.0aA | 622.5aA | 19.9bB | 28.8aA | 35.8aA | 33.1aA | 18.0bB | 29.9aA | 44.9aA | 38.8aA | 38.4aA | 39.3aA | 46.1aA | 37.2bB |
| | 237.0aA | 243.0aA | 607.5aA | 215.0aA | 215.0bA | 510.0bB | 26.1aA | 28.8aA | 31.0bA | 29.1bB | 23.4aA | 29.2aA | 39.7bB | 36.0bB | 37.0bB | 33.6bB | 39.7bB | 41.5aA |
| 豫麦47 | 212.5aA | 201.0aA | 426.0aA | 197.5aA | 193.5aA | 388.5aA | 29.2aA | 32.1aA | 39.9aA | 35.0aA | 21.2bB | 38.3aA | 33.1bB | 32.3bB | 33.3bB | 32.4bB | 34.5bB | 35.5bB |
| | 195.0aA | 168.0bA | 389.5aA | 165.0aA | 190.5aA | 436.5aA | 31.1aA | 18.7bB | 36.8aA | 19.9bB | 28.4aA | 33.0bB | 38.6aA | 37.8aA | 35.3aA | 39.6aA | 39.7aA | 39.2aA |
| 郑麦9023 | 255.0bB | 168.0bB | 600.0aA | 180.0bB | 160.5bB | 622.5aA | 17.6aA | 28.5aA | 24.5aA | 26.7aA | 22.9aA | 32.8aA | 39.8aA | 29.5fE | 47.1bB | 31.0bB | 38.3bB | 36.3bB |
| | 378.0aA | 450.0aA | 600.0aA | 375.0aA | 345.0aA | 540.0aA | 14.0aA | 20.7bB | 25.0aA | 19.0bB | 12.0bB | 29.0aA | 28.0bB | 31.4fE | 28.4aA | 33.3aA | 43.4aA | 44.6aA |

注：表中字母分别表示同一施肥处理年际间的差异水平，小、大写分别代表$P \leqslant 0.05$，$P \leqslant 0.01$的显著水平。

由表 3–8 可以看出，不同施肥方式对不同品种小麦群体穗数、穗粒数、千粒质量的变异系数产生一定的影响。对于群体穗数的变异系数来说，豫麦 13 亲缘系在 N（33.1%）、NP（13.1%）、NK（46.5%）处理中变异系数较大，而在 CK（8.0%）、PK（6.7%）、NPK（7.0%）处理中变异系数较小；临汾 7203 和郑州 941 相对较低，在 CK、N、NP、NK、PK、NPK 处理中 *CV* 值分别为 4.0%、6.0%、4.2%、3.7%、6.9%、4.8% 和 8.3%、4.5%、4.1%、4.0%、10.7%、4.8%；豫麦 47 在 NPK 处理中略高，达到 14.4%，而在其他处理中较低；郑麦 9023 在 CK（27.1%）、N（29.3%）、NK（18.3%）、PK（13.9%）处理中均相对较高，在 NP（9.1%）、NPK（2.8%）处理中较小。对于群体穗粒数的变异系数来说，豫麦 13 亲缘系在 CK、N、NK 处理中较大，*CV* 值分别为 24.8%、14.4%、11.8%，其他处理相对较小；临汾 7203 在 N、NP、PK 处理中较大，*CV* 值分别达到 24.1%、12.9%、17.9%，在 CK、NK、NPK 处理中则较小；郑州 941 仅在 CK 和 PK 处理中较高，在 N、NP、NK、NPK 处理中较小；豫麦 47 在 N、NK、PK 处理中较高，*CV* 值分别达到 29.2%、30.4%、16.4%；而在 CK、NP、NPK 处理中则相对较低，*CV* 值分别仅为 4.8%、6.0%、8.4%；郑麦 9023 在 NP（4.7%）、NPK（7.9%）处理中较低，在其他处理中较高。千粒质量变异系数，除临汾 7203 的 NP（16.7%）处理、豫麦 47 的 NK（11.0%）处理和郑麦 9023 的 CK（19.1%）、NP（27.1%）、NPK（11.3%）处理外，其他施肥处理中各品种小麦的千粒质量变异系数较小，年际间稳定性也相对高。

**表3–8不同小麦品种在不同施肥方式下的年际间产量构成变异（%）**

| 品种 | 群体穗数 | | | | | | 穗粒数 | | | | | | 千粒质量 | | | | | |
|---|---|---|---|---|---|---|---|---|---|---|---|---|---|---|---|---|---|---|
| | CK | N | NP | NK | PK | NPK | CK | N | NP | NK | PK | NPK | CK | N | NP | NK | PK | NPK |
| 豫麦 13 亲缘系 | 8.0 | 33.1 | 13.1 | 46.5 | 6.7 | 7.0 | 24.8 | 14.4 | 5.9 | 11.8 | 4.6 | 7.5 | 0.7 | 0.6 | 6.4 | 2.3 | 4.4 | 4.3 |
| 临汾 7203 | 4.0 | 6.0 | 4.2 | 3.7 | 6.9 | 4.8 | 6.0 | 24.1 | 12.9 | 5.6 | 17.9 | 6.2 | 1.0 | 1.0 | 16.7 | 1.7 | 3.3 | 8.2 |
| 郑州 941 | 8.3 | 4.5 | 4.1 | 4.0 | 10.7 | 4.8 | 15.5 | 3.7 | 9.1 | 7.6 | 14.6 | 4.7 | 6.7 | 4.2 | 2.1 | 8.5 | 8.2 | 6.1 |
| 豫麦 47 | 7.7 | 6.4 | 3.9 | 9.1 | 4.1 | 14.4 | 4.8 | 29.2 | 6.0 | 30.4 | 16.4 | 8.4 | 8.4 | 8.7 | 3.4 | 11.0 | 7.6 | 5.4 |
| 郑麦 9023 | 27.1 | 29.3 | 9.1 | 18.3 | 13.9 | 2.8 | 13.4 | 34.3 | 4.7 | 18.8 | 34.7 | 7.9 | 19.1 | 3.4 | 27.1 | 3.9 | 6.8 | 11.3 |

**2. 施肥方式对不同小麦品种年际间产量的影响**

在不同施肥方式，不同小麦品种下年际间籽粒产量变化如图 3-6 所示。除豫麦 13 亲缘系和郑州 8998 外,其他小麦品种年际间产量变化趋势在 CK、N、NK、PK、NP、NPK 处理中相近，且均在施氮肥处理中存在较大差异；相反，在不施氮肥的处理中则差异较小。

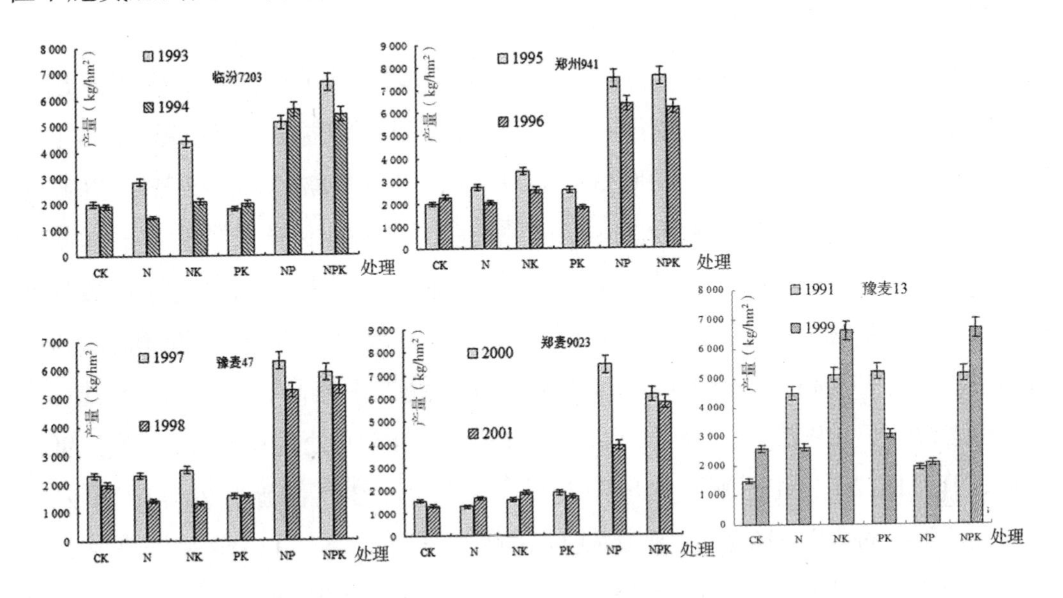


图3-6　施肥方式对不同处理小麦品种年际间产量的影响

## 三、讨论

王桂良等研究得出 0 kg/hm$^2$、150 kg/hm$^2$、300 kg/hm$^2$ 3 个施氮水平下，不同小麦品种在整个生育期内干物质累积都呈“慢 – 快 – 慢”的动态模式，而且在开花期和成熟期干物质累积量差异显著。氮肥对小麦干物质变化影响最大的时期是开花期，最小的时期是分蘖期，各时期干物质增加率在品种间差异不显著。说明施肥后不同小麦品种单株内部的生理反应差异不大。本研究认为不同小麦品种对不同施肥方式的外在反应（群体穗数、穗粒数、千粒质量）有较大差异，且年际间的稳定性也存在诸多差异。

小麦育种的农艺性状进化方面，早期品种穗数较多，而现代品种具有较高的穗粒数和千粒质量；生物产量和收获指数均有所增加，但收获指数的增长幅度显著大于生物产量；同时植株形态及其结构表现为株高显著降低，旗叶和倒二叶宽度增加，长宽比值缩小，旗叶夹角变小；此外，植株结构朝着增大株高构成指数方向演变。从长期定位施肥研究的纵向时间线为切入点，在相同施肥措施下不同小麦品种产量构成的年际间变化、变异表明，在小麦育种方面，除了在农艺性状进行选择外，不同品种不同施肥措施下产量构成的稳定性也应作为高产优质品种筛选的参照，这更有利于提高小麦品种年际间产量的稳定性。

## 四、结论

本研究初步得出，不同的小麦品种产量构成在不同施肥方式中表现出一定差异，产量构成的年际间稳定性也存在较大差异。豫麦 13 亲缘系（N 33.1%、NP 13.1%、NK 46.5%）、郑麦 9023（N 29.3%、PK 13.9%、NK 18.3%）在缺素施肥中的群体穗数变异系数较大，在全量施肥处理中变异系数较小；而临汾 7203、郑州 941、豫麦 47 在缺素施肥、全量施肥处理中年际间变异系数均较小。豫麦 13 亲缘系和临汾 7203 穗粒数的变异系数分别在 N、NK 和 N、NP、PK 施肥处理中较高；郑州 941 穗粒数仅在 PK 处理中较高，豫麦 47 的穗粒数变异系数在 N（29.2%）、NK（30.4%）、PK（16.4%）处理中较高；郑麦 9023 穗粒数在 CK、NP、NPK 施肥处理中变异系数较小，在其他施肥处理中则较大。除临汾 7203 的 NP（16.7%）施肥处理，豫麦 47 的 NK（11.0%）处理和郑麦 9023 的 NP（27.1%）、NPK（11.3%）处理外，其他施肥处理中不同小麦品种千粒质量的变异系数均较小，年际间稳定性也相对较高。此外，由于本研究中不同小麦品种年际间重复研究时间较短，气候条件年际间也存在一定的差异，所得结论有待于进一步的研究。

# 第四章　施肥对小麦氮素吸收的研究

## 第一节　不同施肥措施对冬小麦吸收利用氮素的影响

利用长期定位施肥的土壤条件研究不同施肥措施对小麦吸收利用氮素的影响，为新形势下制定合理培肥施肥技术，确保小麦的高产稳产，保护农田环境具有积极的意义。研究表明，随着氮肥或有机肥施用量的增加，叶片SPAD值增大。与单施无机肥相比，有机、无机肥配施可以增加小麦的有效小穗数和穗粒数，降低小麦灌浆盛期旗叶膜脂过氧化，提高光合速率、干物质积累速率和千粒质量，延缓叶片的衰老。不均衡施肥会导致旗叶膜脂过氧化作用升高，光合速率降低。在小麦品质方面，在高施氮量的情况下，可以提高小麦籽粒的蛋白质含量和面粉面团参数。与不施肥相比，氮磷钾配施可以明显提高小麦籽粒的蛋白质、总氨基酸和必需氨基酸含量，改善面粉品质和面团品质，增加灰分含量，但也有研究认为长期有机无机配施与不施肥或者单施氮肥相比，降低籽粒的蛋白质、湿面筋、干面筋含量以及沉淀值和小麦籽粒品质。此外，国内外大量研究认为有机无机配施能显著提高小麦籽粒产量，而长期不施肥、单施氮肥及不均衡施肥处理的小麦产量下降；同时，施用有机肥可以使小麦对氮、磷、钾的吸收较为均衡，缺素施肥直接导致植株体内相应养分的明显亏缺，不施氮肥则制约小麦对钾的吸收；氮磷、氮磷钾配施小麦的氮、磷利用率较高，且氮磷钾配施有机肥的肥料利用率有累加效应。前人有关施肥对小麦影响的研究多集中在小麦生长发育、品质、产量等方面，研究选用的小麦品种通常已经大面积推广。而有关不同施肥措施对小麦品种氮素的阶段性吸收、利用以及累积等方面研究则鲜有报道。本文以

1990 以来的不同施肥措施的土壤为基础材料，以郑麦 7698 为对象，系统地研究不同施肥措施对其整个生育期各生育阶段氮素吸收、累积的影响，为制定小麦高产稳产的施肥技术、丰富小麦营养需肥理论及其他相关研究提供理论支持和借鉴。

## 一、材料与方法

### 1. 试验地概况

1987 年中国农业科学院在全国 9 个不同土壤生态类型区布置了“全国土壤肥力和肥料效益长期定位监测试验网”，经过两年匀地种植，于 1990 年开始不同施肥措施下作物产量与肥料效益的监测研究。试验地位于黄淮海平原国家潮土土壤肥力与肥料效益郑州长期监测站（34°47′N,113°40′E），四季分明，气候类型为暖温带季风气候，年平均气温 14.4℃，＞10℃积温约 5 169℃。7 月最热，平均 27.3℃；1 月最冷，平均 0.2℃；年平均降水量 645 mm，无霜期 224 d，年平均蒸发量 1 450 mm，年日照时间约 2 400 h。土壤类型为潮土，1990 年研究开始时基础土壤样品的养分情况为：pH8.3、土壤有机质 10.1 g/kg、土壤碱解氮 76.6 mg/kg、有效磷 6.5 mg/kg、有效钾 74.5 mg/kg、土壤全氮 0.65 g/kg、土壤全磷 0.64 g/kg、土壤全钾 16.9 g/kg。

### 2. 试验设计

长期定位施肥研究的试验小区为完全随机排列，本研究选取其中的 5 个处理：CK（种植冬小麦，不施肥）、NK（施氮肥和钾肥，不施磷肥）、NPK（施氮磷钾化肥）、NPKM（M 指有机肥，+ 氮磷钾化肥有机肥）、NPKS（S 指玉米秸秆，秸秆还田 + 氮磷钾化肥）。按照小区面积大、小分两组，分别为 54 $m^2$ 和 45 $m^2$，每组各处理均 3 次重复，相当于有 6 次的重复。研究施用的氮肥为尿素，磷肥为磷酸二氢钙，钾肥为硫酸钾，有机肥为牛粪，秸秆为当季玉米秸秆。除不施肥（CK）的处理外，施肥处理的施氮量（或标准）相同（其中施有机肥或秸秆还田的氮肥分配比为：有机氮与无机氮之比为 7 ∶ 3，N ∶ $P_2O_5$ ∶ $K_2O$=1 ∶ 0.5 ∶ 0.5），施肥处理的磷肥、钾肥、有机肥、秸秆作基肥一次施入，无机氮肥的基肥与追肥比为 4 ∶ 6。秸秆还田处理可能由于碳多而造成碳 / 氮（C/N）失调，必须增加氮用量，这样秸秆还田处理无机氮肥按 7 ∶ 3 分配基肥和追肥，各处理施肥量见表 4–1。试验选用的小麦品种为郑麦 7698，2009 年 10 月 18 日播种，播量约 150 kg/$hm^2$，行距 23 cm，2010 年 6 月 11 日收获。各处理田间管理一致，于越冬期、返青期及抽穗期分别浇水 1 次，每次 500 $m^3/hm^2$，并进行人工除草。

此外，本研究整理分析了 1991 ~ 2008 年的小麦产量资料，为分析小麦对氮素吸收的影响提供数据上支持和补充。长期定位施肥研究选用的小麦品种虽然年际间不同，但是同一研究年份内，各施肥处理的品种相同。

**表4-1 长期定位施肥各处理施肥量**

（单位：$kg/hm^2$）

| 处理 | 来自无机肥的养分 | | | 来自有机肥的养分 | | |
|---|---|---|---|---|---|---|
| | N | $P_2O_5$ | $K_2O$ | N | $P_2Q5$ | $K_2O$ |
| CK | 0 | 0 | 0 | 0 | 0 | 0 |
| NK | 165 | 0 | 82.5 | 0 | 0 | 0 |
| NPK | 165 | 82.5 | 82.5 | 0 | 0 | 0 |
| NPKM | 49.5 | 82.5 | 82.5 | 115.5 | 176.0 | 113.0 |
| NPKS | 49.5 | 82.5 | 82.5 | 115.5 | 50.0 | 140.0 |

**3. 测定及分析方法**

分别在小麦的越冬期（2009-12-22）、返青期（2010-02-25）、拔节期（2010-03-17）、抽穗期（2010-04-16）、灌浆期（2010-05-06）、成熟期（2010-06-11）进行田间植株样品的采集，并进行室内处理以及分析测定。小麦出苗后，在每个小区固定 3 个 1m 长的样段，在每个生育时期调查田间群体数，取平均值计算；同时取 0.5 m 行长的植株样品，用自来水冲洗干净，剪去根部，分为茎秆、叶、叶鞘、穗和籽粒（生育前期为整株），鲜样于 105℃杀青 30 min，70 ℃烘干至恒重，并称重，计算干物质重。植株的全氮用 $H_2SO_4$-$H_2O_2$ 法测定，干物质用烘干法测定，小区实收 5 $m^2$ 计算产量，氮吸收量及利用率等计算方法如下：

（1）氮累积吸收量（$kg/hm^2$）= 干物质积累量（$kg/hm^2$）× 各器官中全氮含量（g/kg）/1 000。

（2）氮肥吸收利用率 =（施氮肥区作物氮素累积量 − 空白区氮素累积量）/ 施用氮肥总氮量 ×100。

（3）氮肥生理利用率 =（施氮肥区产量 − 空白区产量）/（施氮肥区植株吸氮量 − 空白区植株吸氮量）。

（4）氮肥农学利用率 =（施氮肥区产量 − 空白区产量）/ 施用氮肥总量。

（5）氮肥偏生产力 = 作物施肥后的产量 / 氮肥施用量。

文中数据为 6 次重复均值，用 Excel、DPS 等软件进行统计分析，用 LSD 法进行多重比较。

## 二、结果与分析

### 1. 长期不同施肥措施下小麦籽粒产量（1991 ~ 2008 年）、群体动态与生物量的变化

在等氮量施肥条件下，由图 4-1 可以看出，1991 ~ 2008 年 CK、NK 处理的小麦产量均低于 NPK、NPKM、NPKS 处理，其中 NK 处理的小麦产量在 1991 ~ 1994 年呈下降趋势而后逐渐趋于稳定。NPK、NPKM、NPKS 处理的小麦产量在年际间存在一定的波动，NPK 处理的籽粒产量要稍高于 NPKM、NPKS 处理。

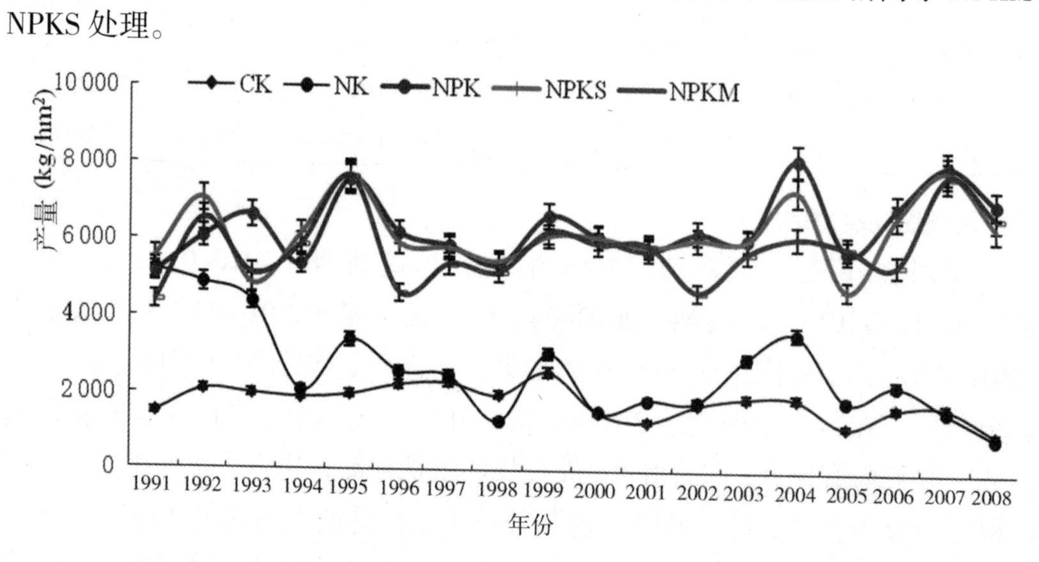


**图4-1　长期（1991 ~ 2008年）不同施肥处理下小麦籽粒产量的变化**

此外，考虑到不同年份之间小麦品种对研究的影响，研究将 1991 ~ 2008 年的历史产量数据分为 1991 ~ 1999 年、2000 ~ 2008 年两个阶段来分析，由表 4-2 可以看出，1991 ~ 1999 年和 2000 ~ 2008 年前后两个阶段中 NPK、NPKM、NPKS 处理的籽粒产量分别为 6 116.3 kg/hm$^2$、5 682.2 kg/hm$^2$、6 084.0 kg/hm$^2$ 和 6 700.3 kg/hm$^2$、6 031.7 kg/hm$^2$、6 368.0 kg/hm$^2$，均极显著（$P \leqslant 0.01$）高于 CK、NK 处理；NPK、NPKM、NPKS 处理之间差异不显著，前后两阶段的产量增加幅度以 NPK 处理最大，达到 9.6%，其次为 NPKM 处理，NPKS 处理相对较小，前后两个阶段各处理产量大小均为：NPK ＞ NPKS ＞ NPKM。说明 NPK、NPKM、NPKS 施肥处理的研究结果与品种关系不大。

表4-2　长期不同施肥处理下1991～1999年和2000～2008年两阶段冬小麦籽粒产量的变化

| 处理 | 小麦产量 (kg/hm²) | | 变幅 (%) |
|---|---|---|---|
| | 1991 ～ 1999 年 | 2000 ～ 2008 年 | |
| CK | 2 076.8cC | 1 577.8bB | -24.0 |
| NK | 3 274.5bB | 2 074.9bB | -36.6 |
| NPK | 6 116.3aA | 6 700.3aA | 9.6 |
| NPKM | 5 682.2aA | 6 031.7aA | 6.2 |
| NPKS | 6 084.0aA | 6 368.0aA | 4.7 |

注：表中字母小、大写分别代表 $P \leqslant 0.05$，$P \leqslant 0.01$ 的显著水平。

由图 4-2 可以看出，不同施肥措施对小麦群体数影响明显，在小麦生长的各个生育阶段，NPK、NPKM、NPKS 施肥措施的田间群体数较大，到拔节期群体数最大，分别为 1 513.2 万苗 /hm$^2$、1 414.4 万苗 /hm$^2$、1 545.7 万苗 / hm$^2$，是 CK、NK 处理的 3～4 倍；NPK、NPKM、NPKS 处理在抽穗期以前群体的变动幅度也较大，而 CK、NK 处理的群体波动幅度较小。

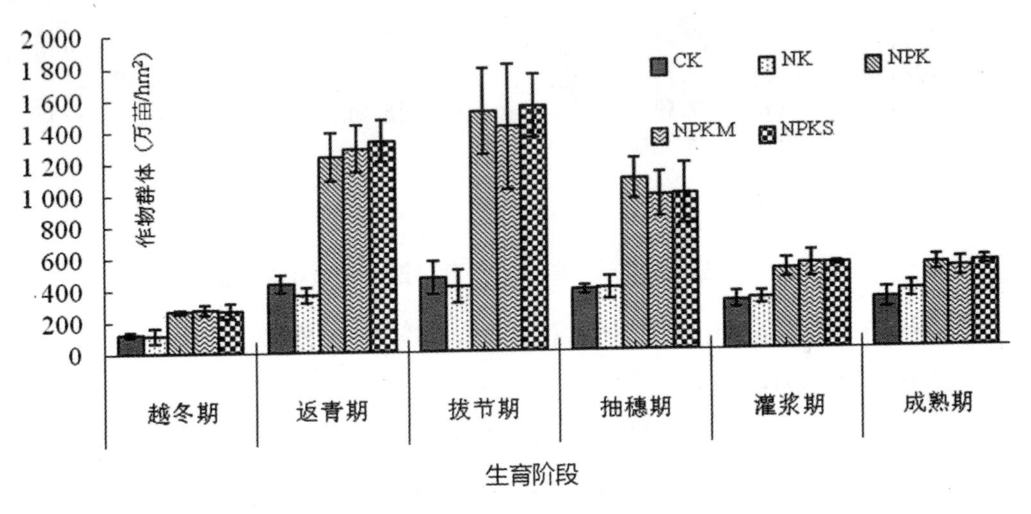


图4-2　不同施肥处理下小麦群体动态变化

不同施肥处理对小麦干物质累积量的影响，由图 4-3 可以看出，在小麦生长的各个阶段 NPK、NPKM、NPKS 施肥处理的总干物质重以及茎、叶、叶鞘、穗等器官的干物质重均较高，CK、NK 施肥处理的则明显较低（图 4-3A）；而且随着生育进程的推进，地上部干物质积累量的差距进一步加大，到成熟期最大。从灌浆期、成熟期各个器官的干物质分配来看，NPK、NPKM、NPKS 施肥措施有利于光合产物向营养器官、生殖器官积累（图 4-3B, 图 4-3C），进而获得较高的籽粒产量。在成熟期，NPK、NPKM、NPKS 施肥处理的籽粒产量分别为 8 883.2 kg/hm$^2$、7 706.4 kg/hm$^2$、8 197.5 kg/hm$^2$，是 CK、NK 处理的 2 ~ 4 倍。

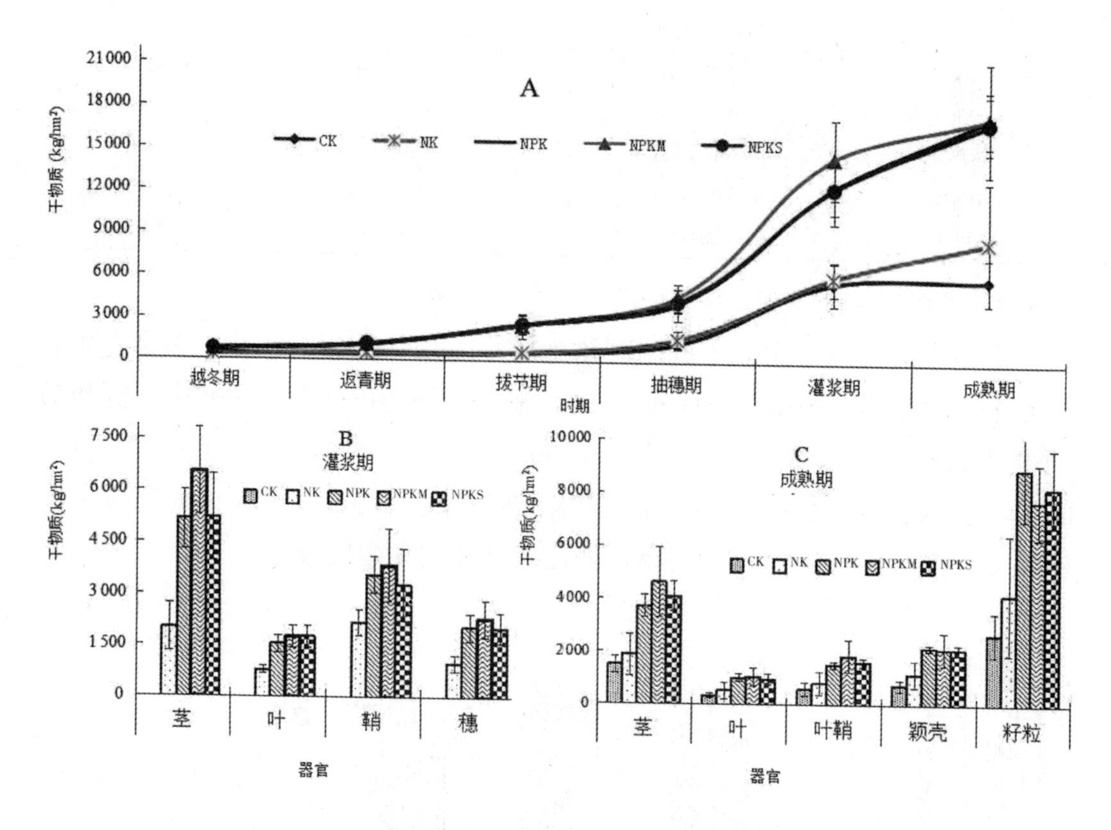


图4–3　不同施肥处理对小麦不同生育时期干物质积累量的比较

**2. 不同施肥措施下小麦地上部全氮含量与氮素积累量的变化**

长期定位施肥对小麦不同生育时期吸收土壤氮素的影响，由表 4–3 可以看出，在小麦越冬期、返青期，NPKM 和 NPKS 处理的小麦幼苗植株全氮含量高于 CK、NK、NPK 处理，但是各处理间没有达到显著水平。到拔节期，NPKM 和 NPKS 处理的小麦幼苗植株全氮含量分别极显著（$P \leqslant 0.01$）、显著（$P \leqslant 0.05$）高于 CK、NK 施肥处理；NPK 处理的植株全氮含量低于 NPKM 和 NPKS 处理，但极显著（$P \leqslant 0.01$）高于 CK。抽穗期，NK、NPK、NPKS 施肥处理植株的全氮含量较高，均极显著（$P \leqslant 0.01$）高于 CK、NPKM 施肥处理。在灌浆期，各施肥处理的小麦器官全氮含量中叶最高，其次为穗，而叶鞘和茎中的含量较低；施肥处理的茎、叶（$P \leqslant 0.01$）、鞘、穗中的全氮含量均高于 CK 处理；施肥的各处理差异不显著。在成熟期，各处理小麦叶（CK 除外）、穗的氮含量较高，而茎、鞘、颖壳中的氮含量较低；各施肥处理之间，NK、NPK 处理的小麦叶、穗中氮含量较高，分别为 1.18%、1.15% 和 2.26%、2.33%，叶中分别极显著（$P \leqslant 0.01$）、显著（$P \leqslant 0.05$）高于 CK；而 MNKP、NPKS 处理的氮含量相对较低，在叶、穗中的含量分别约为 0.8%、1.60%。

氮素吸收累积上，在小麦生长的越冬期、返青期、拔节期以及抽穗期，NPK、NPKM、NPKS 施肥处理间小麦的氮素累积吸收量没有显著差异，但均极显著（$P \leqslant 0.01$）高于 CK、NK 处理；NK 施肥处理的吸收量也随着生育时期的推进多于 CK 处理（表 4-3）。从各个器官的吸收分配来看，灌浆期 NPK、NPKM、NPKS 施肥处理在茎、叶、鞘及穗的氮素累积量均极显著（$P \leqslant 0.01$）高于 CK、NK 处理，其中 NPKS、NPK、NPKM 分别在茎叶、鞘、穗中的氮素累积量较高（表 4-3）。在小麦成熟期 NPK、NPKM、NPKS 处理在茎、叶、鞘、颖壳、籽粒中的氮素累积量均显著（$P \leqslant 0.05$）或极显著（$P \leqslant 0.01$）高于 CK、NK 处理，其中 NPK 施肥处理在叶、颖壳、籽粒的吸收量最高，分别达到 11.86 kg/hm$^2$、13.39 kg/hm$^2$、206.80 kg/hm$^2$，NPKM 在茎、鞘中的氮素吸收量最高分别达到 18.38 kg/hm$^2$ 和 5.89 kg/hm$^2$，NPKS 在各个器官中的氮素吸收量则介于二者之间；在成熟期累积氮吸收总量以 NPK 最高，达到 249.1 kg/hm$^2$，极显著（$P \leqslant 0.01$）高于其他施肥处理，CK 处理的氮素吸收量最低，仅为 61.73 kg/hm$^2$，显著（$P \leqslant 0.05$）或极显著（$P \leqslant 0.01$）低于其他处理；氮素吸收量顺序为 NPK ＞ NPKM ＞ NPKS ＞ NK ＞ CK。

**表4-3　长期不同施肥处理各器官全氮含量和氮累积吸收量的比较**

| 生育时期 | 器官 | 各器官全氮含量（%） | | | | | 各器官氮素累积量（kg/hm$^2$） | | | | |
|---|---|---|---|---|---|---|---|---|---|---|---|
| | | CK | NK | NPK | NPKM | NPKS | CK | NK | NPK | NPKM | NPKS |
| 越冬期 | 整株 | 2.95aA | 2.50aA | 3.09aA | 3.19aA | 2.99aA | 12.03bB | 8.42bB | 21.00aA | 23.85aA | 22.07aA |
| 返青期 | 整株 | 4.17aA | 3.32aA | 3.99aA | 4.32aA | 4.30aA | 16.32bB | 16.07bB | 42.61aA | 47.71aA | 49.03aA |
| 拔节期 | 整株 | 2.71cB | 3.25bcAB | 3.93abA | 4.19aA | 4.14aA | 14.37bB | 18.50bB | 97.62aA | 103.71aA | 106.13aA |
| 抽穗期 | 整株 | 1.62bB | 2.58aA | 2.48aA | 1.89bB | 2.48aA | 20.80bB | 41.51bB | 101.88aA | 86.64aA | 105.22aA |
| 灌浆期 | 茎 | 0.64bB | 0.82bAB | 0.75bAB | 0.76bAB | 1.45aA | 14.46cC | 16.63cC | 38.95bB | 50.18bB | 75.60aA |
| | 叶 | 2.31bB | 3.44aA | 3.57aA | 3.15aA | 3.32aA | 14.69cB | 27.51bB | 55.96aA | 55.46aA | 58.61aA |
| | 鞘 | 0.72bB | 1.16aAB | 1.34aA | 1.08abAB | 1.15aAB | 14.03dC | 25.26cBC | 48.13aA | 41.40abA | 37.84bAB |
| | 穗 | 1.43bA | 1.50abA | 1.64aA | 1.55abA | 1.66aA | 11.14bB | 15.03bB | 33.70aA | 35.79aA | 33.68aA |

续表

| 生育时期 | 器官 | 各器官全氮含量（%） | | | | | 各器官氮素累积量（kg/hm²） | | | | |
|---|---|---|---|---|---|---|---|---|---|---|---|
| | | CK | NK | NPK | NPKM | NPKS | CK | NK | NPK | NPKM | NPKS |
| 成熟期 | 茎 | 0.34aA | 0.59aA | 0.32aA | 0.40aA | 0.19aA | 5.13dD | 9.47bcBC | 11.75bB | 18.38aA | 7.58cdCD |
| | 叶 | 0.51cB | 1.18aA | 1.15AB | 0.91abcAB | 0.68bcAB | 1.72dC | 4.66cB | 11.86aA | 9.66bA | 6.59cB |
| | 鞘 | 0.44abAB | 0.67aA | 0.35bAB | 0.32bAB | 0.26bB | 2.59cC | 4.32bAB | 5.30abAB | 5.89aA | 4.13bBC |
| | 壳 | 0.51aA | 0.37aA | 0.61aA | 0.40aA | 0.50aA | 3.82dC | 3.66dC | 13.39aA | 8.56cB | 10.57bB |
| | 籽粒 | 1.80abA | 2.26aA | 2.33aA | 1.61bA | 1.62bA | 48.48cC | 77.55cC | 206.80aA | 124.30bB | 132.88bB |
| 总吸收量 | | | | | | | 61.73cC | 121.40bBC | 249.10aA | 166.79bB | 161.76bB |

注：表中字母小、大写分别代表 $P \leqslant 0.05$，$P \leqslant 0.01$ 的显著水平。

### 3. 不同施肥措施下氮肥利用率的变化

施肥措施最终会影响到氮肥的利用效率，由图 4-4 可以看出，在本研究条件下 NPK、NPKM、NPKS 施肥处理的氮肥吸收利用率（RE）、农学效率（AE）以及偏生产力（PFP）均明显高于 NK 施肥处理，说明 NPK 配施以及与有机肥和秸秆还田配合施用非常有利于小麦对氮肥的吸收、利用，并提高籽粒产量（图 4-4A, 图 4-4C, 图 4-4D）。此外，NK、NPK、NPKM、NPKS 施肥处理的生理利用率（PE）分别为 22.7 kg/kg、35.2 kg/kg、53.3 kg/kg、64.2 kg/kg，说明等氮量条件下，NPK 肥配合秸秆还田或有机肥更有利于土壤氮素的吸收（图 4-4B）。

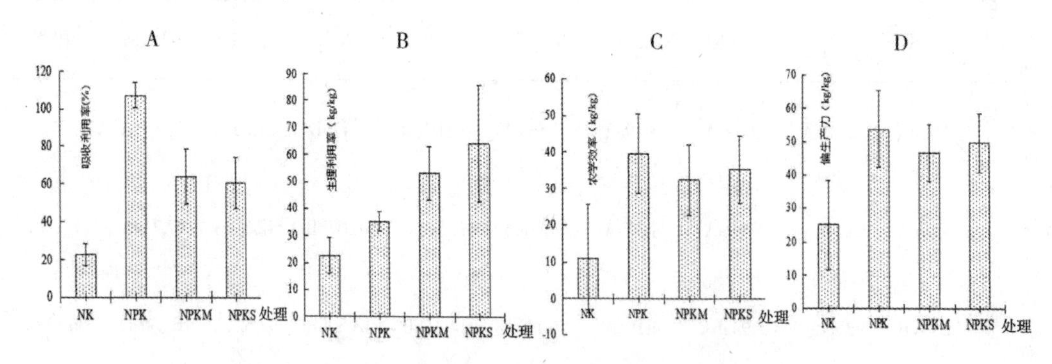


图4-4 长期不同施肥处理对小麦氮肥利用率的影响

## 三、讨论

有关施肥对小麦影响的研究一直持续是农业科研人员关注的热点。与本研究施氮量（165 kg/hm²）相同的研究中，皇甫湘荣等研究得出有机无机肥配施处理的产量均与 NPK 处理差异不显著，但千粒质量、穗数、蛋白质含量均高于 NPK 处理。介晓磊等研究表明 NPK 配施或与有机肥配施能提高小麦叶片硝酸还原酶活性，有机肥与化肥配施处理的小麦产量与 NPK 处理差异不显著，千粒质量、穗数高于 NPK 处理，NPK 配施有机肥有利于提高氨基酸含量。本研究表明，长期定位施肥条件下，NPK、NPKM、NPKS 处理的小麦产量较高，这与前人的研究结论基本一致。与 CK、NK 处理相比，施 NPK、NPK 配施有机肥或秸秆还田增加产量的原因是：一方面增大了田间群体的穗数，另一方面有利于不同生育时期茎、叶、穗等器官对氮素的吸收和累积，最终获得了较高的干物质累积量和籽粒产量。但也应该注意，NPKM、NPKS 处理籽粒的产量分别为 7 706.4 kg/hm$^2$、8 197.5 kg/hm$^2$，仍低于 NPK 处理的 8 883.2 kg/hm$^2$ 的水平，说明 NPKM、NPKS 施肥处理还有潜在增产的空间，反映出本研究等氮条件下有机、无机肥配施的处理中无机氮肥供应量偏小或者有机肥施用量偏大。

黄绍敏等连续 13 年对不同施肥方式下潮土土壤氮素平衡及去向进行研究，结果表明施 NPK 化肥氮素中 48% 被作物利用，9.7% 残留在土壤中，55% 挥发损失；NPK 与有机肥配施的氮素利用率、残留率和损失率分别为 44.3%、23% 和 42%，其中与秸秆配施的氮素利用率最高达到 51%。同时对豫麦 13、郑太育 1 号、临汾 7203、郑州 941、豫麦 47、郑州 8998、郑麦 9023 等小麦品种连续 15 年不同施肥方式的研究结果认为，在施氮量相同情况下，NPK 和 NP 处理小麦的氮利用率最高，分别为 70.3% 和 68.4%，秸秆还田（NPKS）条件下氮、磷的利用率高于 NPKM。本研究则认为 NPK、NPKM、NPKS 施肥处理的氮肥吸收利用率（RE）、农学效率（AE）以及偏生产力（PFP）均明显高于 NK 施肥处理，说明 NPK 配施以及与有机肥和秸秆还田配施有利于小麦对氮肥的吸收，并提高籽粒产量；生理利用率（PE）分别为：35.2 kg/kg（NPK）、53.3 kg/kg（NPKM）、64.2 kg/kg（NPKS）。说明 NPK 肥配合秸秆还田或有机肥更有利于土壤氮素的吸收。

此外，本研究以长期定位施肥监测基地近 20 年历史不同施肥措施的土壤为载体，以新审定的小麦品种为研究对象，具有长、短结合的研究特点。本研究对长期定位施肥研究 18 年历史的小麦产量进行了整理分析，产量结果与本研究的结论相吻合；同时试验又分为两组，每组各处理均重复 3 次，相当于重复 6 次，进而弥补了本研究周期性相对较短的问题，进一步减少了系统误差，增大了研究数据准确性、真实性以及结论的可靠性。

### 四、结论

在等氮量（165 kg/hm²）条件下，施 NPK 肥以及 NPK 配施有机肥或秸秆还田能够显著提高小麦各生育阶段的田间群体数、有效穗数和干物质累积量。在小麦抽穗期以前，NPK、NPKM、NPKS 施肥处理的小麦对氮素吸收累积量差异不明显，但均极显著（$P \leqslant 0.01$）高于不施肥（CK）或缺素施肥（NK）。NPK、NPK 配施有机肥或秸秆还田更有利于灌浆期、成熟期氮素在茎、叶、鞘、穗等器官累积。小麦对氮素吸收累积量、氮肥利用率以 NPK 最大，NPKM/NPKS 次之，均极显著（$P \leqslant 0.01$）高于 CK 和 NK。氮素吸收累积量顺序依次为 NPK > NPKM > NPKS > NK > CK。NPK、NPKM、NPKS 处理的氮肥吸收利用率（RE）、生理利用率（PE）、农学效率（AE）以及偏生产力（PFP）均明显高于 CK 和 NK 处理，NPK 肥配合秸秆还田或有机肥更有利于土壤氮素的吸收。

## 第二节　不同施肥措施对冬小麦灌浆期氮素吸收分配的影响

### 一、材料与方法

**1. 试验地概况**

试验地位于黄淮海平原国家潮土土壤肥力与肥料效益长期监测站（34°47′N,113°40′E），四季分明，气候类型为暖温带季风气候，年平均气温 14.4℃，> 10℃积温约 5 169℃。7 月最热，平均 27.3℃；1 月最冷，平均 0.2℃；年平均降水量 645 mm，无霜期 224 d，年平均蒸发量 1 450 mm，年日照约 2 400 h。土壤类型为潮土，试验开始时土壤样品的养分情况为：pH 8.3、土壤有机质 10.1 g/kg、土壤碱解氮 76.6 mg/kg、有效磷 6.5 mg/kg、有效钾 74.5 mg/kg。

**2. 试验设计**

试验小区为完全随机排列，试验的 5 个处理：CK（种植冬小麦，不施肥）、NK（施氮肥和钾肥，不施磷肥）、NPK（施氮磷钾化肥）、NPKM（M 指有机肥，有机肥 + 氮磷钾化肥）、NPKS（S 指玉米秸秆，秸秆还田 + 氮磷钾化肥）。每个处理重复 6 次。各处理在等氮量情况下，施有机肥或秸秆的氮肥分配为：有机氮与无机氮之比为 7 ∶ 3，$N : P_2O_5 : K_2O=1 : 0.5 : 0.5$，氮肥为尿素，磷肥为磷酸二氢钙，钾肥为硫酸钾，有机肥为牛粪，秸秆为玉米秸秆。各处理施肥量见表 4–4。

**表4–4　长期定位施肥各处理施肥量**

（单位：$kg/hm^2$）

| 处理 | 来自无机肥的养分 | | | 来自有机肥的养分 | | |
|---|---|---|---|---|---|---|
| | N | $P_2O_5$ | $K_2O$ | N | $P_2O_5$ | $K_2O$ |
| CK | 0 | 0 | 0 | 0 | 0 | 0 |
| NK | 165 | 0 | 82.5 | 0 | 0 | 0 |
| NPK | 165 | 82.5 | 82.5 | 0 | 0 | 0 |
| NPKM | 49.5 | 82.5 | 82.5 | 115.5 | 176.0 | 113.0 |
| NPKS | 49.5 | 82.5 | 82.5 | 115.5 | 50.0 | 140.0 |

试验选用的小麦品种为郑麦 7698（豫审麦 2011008），属半冬性优质、强筋、抗病、高产小麦品种，2009 年 10 月 18 日播种，播量约 150 $kg/hm^2$，行距 23 cm，2010 年 6 月 11 日收获。各处理田间管理一致，于越冬期、返青期及抽穗期分别浇水 1 次，每次 500 $m^3/hm^2$，并进行人工除草。小麦灌浆期的取样时期分别为花后 1d（2010–04–29）、7 d（2010–05–06）、14 d（2010–05–12）、21 d（2010–05–20）、28 d（2010–05–27）、35 d（2010–06–02）以及成熟期（2010–06–11）。

**3. 测定及分析方法**

灌浆期、成熟期进行田间植株和土壤样品的采集、室内处理和测定；植株的全氮用 $H_2SO_4$–$H_2O_2$ 法测定；土壤碱解氮用碱解扩散法测定；干物质用烘干法测定；氮吸收量（$kg/hm^2$）= 干物质积累量（$kg/hm^2$）× 各器官中全氮含量（%）/1 000；小区实收计算产量。文中数据用 Excel、DPS 等软件进行整理分析。

## 二、结果与分析

**1. 不同施肥措施下小麦灌浆期田间群体动态及地上部干物质积累量的变化**

不同施肥措施下，NPK、NPKM 和 NPKS 处理的田间群体数均明显高于 NK、CK 处理，而 NPK、NPKM 和 NPKS 施肥处理间群体数差异较小。NPK、NPKM 和 NPKS 处理的田间群体数在花后 1 ～ 7 d 有较大幅度减少，继而保持稳定，其中 NPK 处理下降幅度最大，达 575 万穗 $/hm^2$；NK、CK 处理的田间群体数则变动很小（图 4–5）。

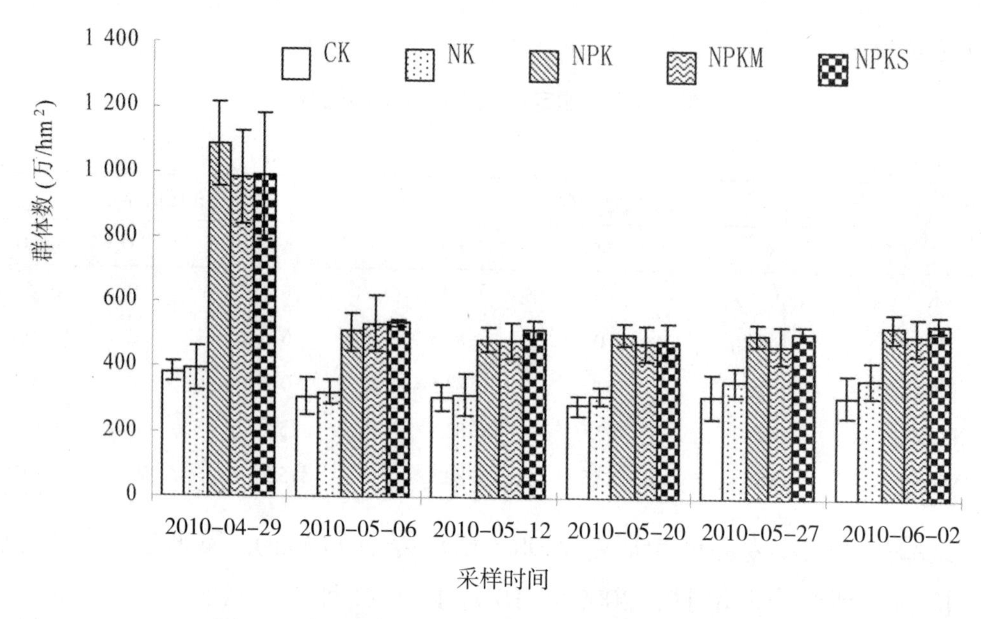


**图4-5 不同施肥处理灌浆期冬小麦群体动态变化**

（图中采样时间：2010-04-29、2010-05-06、2010-05-12、2010-05-20、2010-05-27、2010-06-02 分别表示花后 1 d、7 d、14 d、21 d、28 d、35 d；不同小、大写字母表示同一时间不同处理间的差异在 $P \leqslant 0.05$、$P \leqslant 0.01$ 水平显著）

不同施肥措施对小麦灌浆期各器官干物质重累积量的影响，由图 4-6 可以看出，NPK、NPKM、NPKS 处理的茎、叶、鞘、籽粒干重以及总干重均明显高于 NK、CK 处理。NPKM 总干重在花后 1 d、7 d、14 d、21 d、28 d、35 d 均最高；NPKS 总干重在花后 1 ~ 21d 高于 NPK 处理，在花后 28 ~ 35 d 则低于 NPK 处理( 图 4-6A )。在灌浆期不同阶段,茎干重、鞘干重均是 NPKM 最大，NPKS 次之，NPK 相对较小 ( 图 4-6B、图 4-6D )。对叶干重的影响，NPKM、NPKS 处理在花后 1 ~ 14d 高于 NPK 处理，在花后 21 ~ 35 d 则低于 NPK 处理，同时 NPKM 处理也显著高于 NPKS 处理 ( 图 4-6C )。对穗和籽粒的影响，在花后 1 ~ 14 d，NPKM、NPKS、NPK 三者差异不明显，在花后 21 d 以后，NPK 的籽粒干重最大，其次为 NPKM 和 NPKS 处理 ( 图 4-6E )。表明 NPKM、NPKS 施肥措施比施 NPK 肥有利于促进小麦茎、鞘干物质累积和生产；对小麦叶、穗的干物质累积和生产则在花后 14 d 开始减弱，其中 NPKS 处理的减弱趋势更为明显。

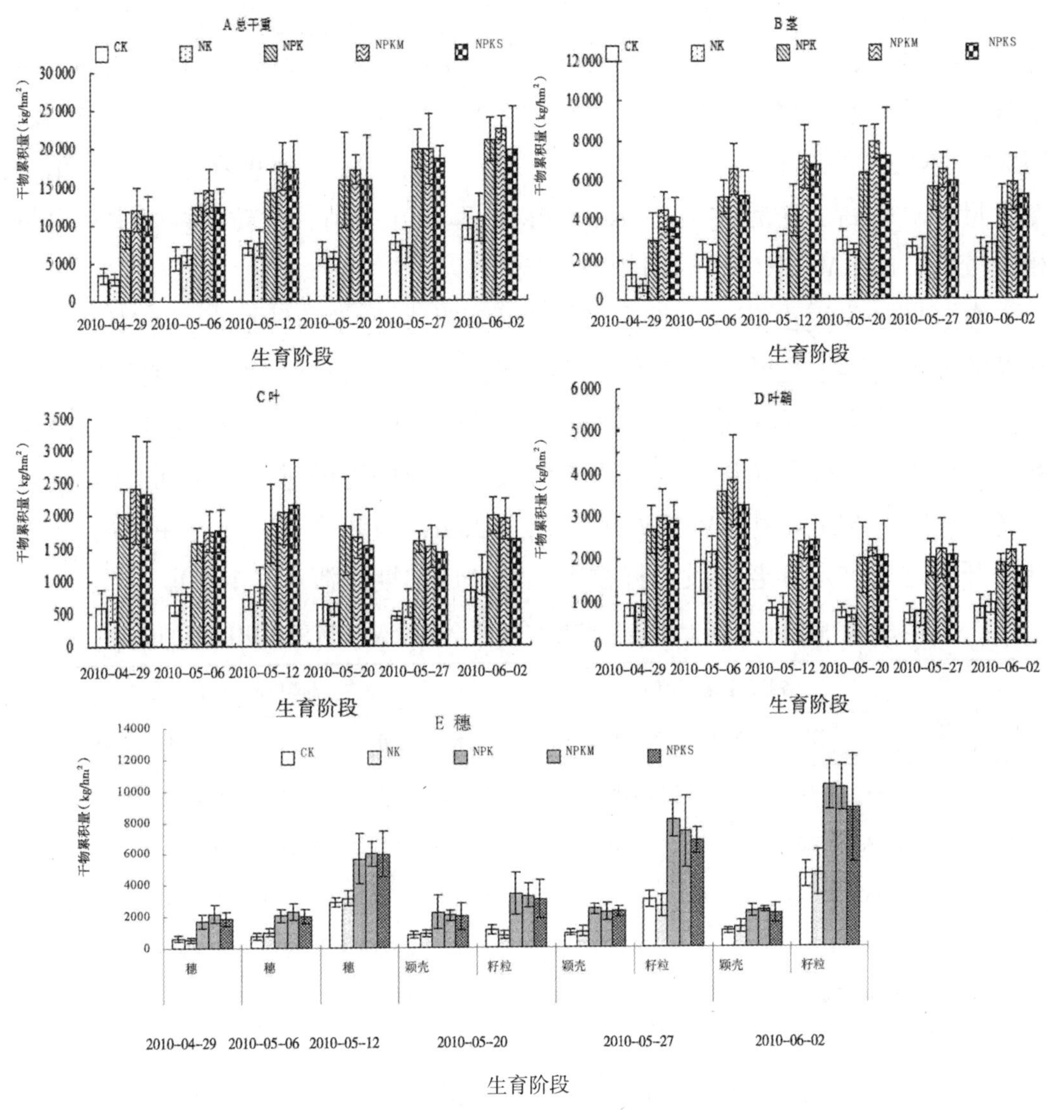


图4-6　不同施肥处理对灌浆期冬小麦各器官干物质积累的比较

**2. 不同施肥措施下小麦灌浆期植株全氮含量及氮累积吸收量的变化**

土壤中氮素通过小麦的根部吸收运转到叶、鞘、茎和穗等各个器官，施肥措施影响到小麦灌浆期各器官的氮含量。由表 4-5 可以看出，在花后 1 d，在各器官氮含量大小为：叶＞穗＞鞘＞茎。各施肥处理间茎、叶、鞘、穗等器官氮含量差异不明显，NPKM、NPKS、NPK、NK 处理要略高于 CK 处理。花后 7 d，施肥处理小麦的各器官氮含量均高于 CK 处理，大多达到显著（$P \leqslant 0.05$）、极显著（$P \leqslant 0.01$）水平；NPKS 处理在茎、穗中的氮含量最高，NPK 处理在叶、鞘中的氮量最高。花后 14 d，各施肥处理氮含量在茎中没有明显差异；在叶中，NPKM 处理显著（$P \leqslant 0.05$）低于 NK、NPK、NPKS 处理；

在鞘中，NK 最高，NPKM 最低，且分别显著（$P \leq 0.05$）、极显著（$P \leq 0.01$）低于 NK、NPKS 处理；在穗中，NK 最低，NPK 最高，且显著（$P \leq 0.05$）高于 NK 处理。花后 21 d，NK、NPK 处理在叶、籽粒和颖壳中氮含量相对较高，NPKM、NPKS 的则相对较低。在花后 28 d，NK、NPK 处理在茎、叶、鞘中氮含量相对较高。花后 35 d，NK、NPK 处理在叶、鞘、籽粒、颖壳中氮含量相对较高，NPKM、NPKS 的则相对较低。

灌浆期是小麦由营养生长为主转入生殖生长为主的转折点，小麦开花后籽粒的充实过程也是叶片逐渐衰老的过程，“源 – 叶”和“库 – 籽粒”的氮含量更能明显反映出不同施肥措施对小麦籽粒成熟的影响，籽粒的氮含量高于叶片，标志着叶片开始逐渐进入衰老阶段，籽粒则逐渐进入成熟期。CK 处理在花后 21 d，NPKM 和 NPKS 处理在花后 28 d，NPK 和 NK 处理在花后 35 d，叶片开始逐渐进入衰老阶段，籽粒则逐渐向成熟期过渡（表 4–5）。

**表 4–5　不同施肥处理对小麦灌浆期各器官全氮含量和氮累积吸收量的比较**

| 取样时间 | 器官 | 各器官全氮含量 (%) | | | | | 各器官氮素累积量 (kg/hm$^2$) | | | | |
|---|---|---|---|---|---|---|---|---|---|---|---|
| | | CK | NK | NPK | NPKM | NPKS | CK | NK | NPK | NPKM | NPKS |
| 花后 1 d 2010/04/29 | 茎 | 0.77aA | 1.06aA | 0.79aA | 0.76aA | 0.76aA | 9.94cB | 7.56cB | 23.12bA | 34.13aA | 31.74abA |
| | 叶 | 2.84bA | 3.12abA | 3.59aA | 2.76bA | 3.30abA | 16.30bB | 23.23bB | 73.23aA | 66.66aA | 77.19aA |
| | 鞘 | 0.93aA | 0.97aA | 1.14aA | 1.06aA | 1.10aA | 8.77bB | 9.319bB | 30.70aA | 31.38aA | 31.82aA |
| | 穗 | 1.43aA | 1.50aA | 1.65aA | 1.49aA | 1.67aA | 8.80bB | 8.00bB | 28.43aA | 32.49aA | 31.45aA |
| 花后 7 d 2010/05/06 | 茎 | 0.64bB | 0.82bAB | 0.75bAB | 0.76bAB | 1.45aA | 14.46cC | 16.63cC | 38.95bB | 50.18bB | 75.60aA |
| | 叶 | 2.36bB | 3.44aA | 3.57aA | 3.15aAB | 3.32aA | 15.01cB | 27.51bB | 55.96aA | 55.46aA | 58.61aA |
| | 鞘 | 0.72bB | 1.16aAB | 1.34aA | 1.08abAB | 1.15aAB | 14.03dC | 25.26cBC | 48.13aA | 41.40abA | 37.84bAB |
| | 穗 | 1.43bA | 1.50abA | 1.64aA | 1.55abA | 1.66aA | 11.14bB | 15.03bB | 33.70aA | 35.79aA | 33.68aA |
| 花后 14 d 2010/05/12 | 茎 | 0.30bB | 0.69aA | 0.61aAB | 0.57aAB | 0.57aAB | 7.49dC | 17.43cBC | 27.40bB | 40.74aA | 38.51aA |
| | 叶 | 1.82bC | 3.30aA | 3.12aAB | 2.35bBC | 3.08aAB | 13.05dC | 30.23cBC | 58.30abA | 48.40bAB | 66.67aA |
| | 鞘 | 0.60cC | 1.24aA | 1.06abAB | 0.78bcBC | 1.11aAB | 5.12dC | 11.55cC | 21.79bAB | 18.63bB | 27.05aA |
| | 穗 | 1.28bA | 1.33bA | 1.61aA | 1.47abA | 1.51abA | 37.18cC | 41.91cC | 70.19bB | 88.01aAB | 90.08aA |
| 花后 21 d 2010/05/20 | 茎 | 0.28cB | 0.49abAB | 0.42abcAB | 0.55aA | 0.33bcAB | 8.28cC | 12.14cC | 26.81bB | 43.72aA | 23.94bB |
| | 叶 | 1.41cC | 3.11aA | 2.80aAB | 2.18bC | 2.23bBC | 8.74cC | 18.86cBC | 51.15aA | 36.38bAB | 34.30bAB |
| | 鞘 | 0.93aA | 1.32aA | 1.04aA | 1.14aA | 0.82aA | 7.20cD | 9.02cCD | 20.97abAB | 25.38aA | 17.14bBC |
| | 籽粒 | 1.65bA | 2.00aA | 1.98aA | 1.92abA | 1.84abA | 18.60bB | 15.41bB | 67.90aA | 63.41aA | 56.60aA |
| | 壳 | 0.68aA | 0.95aA | 0.94aA | 0.88aA | 0.81aA | 5.45bC | 8.65bBC | 21.18aA | 18.08aA | 16.02aAB |

续表

| 取样时间 | 器官 | 各器官全氮含量 (%) | | | | | 各器官氮素累积量 ($kg/hm^2$) | | | | |
|---|---|---|---|---|---|---|---|---|---|---|---|
| | | CK | NK | NPK | NPKM | NPKS | CK | NK | NPK | NPKM | NPKS |
| 花后 28 d 2010/05/27 | 茎 | 0.21bA | 0.63aA | 0.43abA | 0.41abA | 0.41abA | 5.42cC | 14.05bB | 24.06aA | 26.69aA | 24.53aA |
| | 叶 | 1.46bcAB | 2.39aA | 2.02abAB | 1.28cB | 1.71abcAB | 6.72dD | 15.51cC | 32.01aA | 19.42cBC | 24.57bB |
| | 鞘 | 0.68bB | 1.47aA | 0.83bB | 0.60bB | 0.88bB | 4.82dC | 11.05cB | 16.62abA | 13.19bcAB | 18.50aA |
| | 籽粒 | 1.49bA | 1.86aA | 1.78abA | 1.91aA | 1.70abA | 45.10cB | 48.68cB | 145.14aA | 140.72abA | 115.58bA |
| | 壳 | 0.51bB | 1.18aA | 0.71bAB | 0.74abAB | 0.71abAB | 4.64cC | 11.72bB | 17.18aA | 16.78aA | 16.25aAB |
| 花后 35d 2010/06/02 | 茎 | 0.22aA | 0.44aA | 0.31aA | 0.43aA | 0.33aA | 5.38dC | 12.28cB | 14.34bcB | 25.05aA | 17.55bB |
| | 叶 | 0.73bB | 1.50aA | 1.24abAB | 0.85bAB | 0.76bB | 6.16dC | 16.19bB | 24.73aA | 16.44bB | 12.33cB |
| | 鞘 | 0.38bA | 0.69aA | 0.58abA | 0.42bA | 0.34bA | 3.19cC | 6.57bB | 10.76aA | 9.18aA | 6.14bB |
| | 籽粒 | 1.44cB | 2.01aA | 1.79abAB | 1.67bcAB | 1.68bcAB | 66.42bC | 94.84bBC | 182.94aA | 170.03aA | 147.78aAB |
| | 壳 | 0.39abA | 0.56aA | 0.52aA | 0.39abA | 0.30bA | 3.90dD | 7.29bcBC | 12.07aA | 9.22bB | 6.57cCD |

注：表中字母小、大写分别代表 $P \leq 0.05$，$P \leq 0.01$ 的显著水平。

不同施肥措施对小麦灌浆期氮素的吸收累积，由表 4-5 可以看出，NPKM、NPKS、NPK、NK 施肥措施小麦茎、叶、叶鞘、穗等器官氮素吸收累积量在灌浆期各阶段均明显高于长期不施肥的 CK 处理；而 NPKM、NPKS、NPK 施肥措施的要明显高于 NK 施肥处理。在花后 1 ~ 14 d，NPKM、NPKS 处理在茎、穗部位氮素吸收累积量要高于 NPK 处理，其中穗部在花后 14 d 分别显著（$P \leq 0.05$）、极显著（$P \leq 0.01$）水平。在花后 21 ~ 35d，NPK 处理在叶、籽粒部位氮素吸收累积量要高于 NPKM、NPKS 处理，叶的吸收累积量均达到显著（$P \leq 0.05$）或极显著（$P \leq 0.01$）水平。在灌浆期，NPKM 处理在穗部氮素累积量要稍高于 NPKS 处理。

**3. 不同施肥措施灌浆期土壤碱解氮含量及成熟期氮素吸收量的变化**

土壤碱解氮含量反映出土壤有效氮的供应水平，由表 4-6 可以看出，各施肥措施下，耕层碱解氮含量均随着灌浆进程的推进会有一定程度的升高，继而开始回落的变化趋势。NPKM、NPKS 处理的碱解氮含量较高，NPK、NK 处理的次之，CK 最低。在花后 7 ~ 28 d，碱解氮含量以 NPKM 处理的最高，NPKS 次之，均高于其他处理，且部分达到了显著（$P \leq 0.05$）、极显著（$P \leq 0.01$）水平，顺序为：NPKM > NPKS > NK > NPK > CK。在花后 1 d、35 d，NPKS 处理的碱解氮含量均高于 NPKM 处理，但差异不显著；二者的碱解氮含量均显著（$P \leqslant 0.05$）或极显著（$P \leqslant 0.01$）水平，高于 NK、CK 处理。

表4-6 不同施肥处理对小麦灌浆期耕层0～20 cm土壤碱解氮含量的比较

（单位：mg/kg）

| 取样时间 | CK | NK | NPK | NPKM | NPKS |
|---|---|---|---|---|---|
| 花后 1 d<br>2010-04-29 | 67.93bB | 62.51bB | 76.46abAB | 89.50aA | 90.15aA |
| 花后 7 d<br>2010-05-06 | 70.13cC | 95.18bB | 83.82bcBC | 122.56aA | 101.12bAB |
| 花后 14 d<br>2010-05-12 | 71.10cC | 92.86bcBC | 83.82cBC | 124.63aA | 106.55abAB |
| 花后 21 d<br>2010-05-20 | 61.09cC | 91.05bB | 82.01bBC | 122.05aA | 96.35bB |
| 花后 28 d<br>2010-05-27 | 63.03dD | 91.05bcBC | 82.01cCD | 113.65aA | 104.22abAB |
| 花后 35 d<br>2010-06-02 | 59.80dB | 65.61cdB | 80.07bcAB | 93.25abA | 97.77aA |

注：表中小、大写字母分别代表 $P \leqslant 0.05$，$P \leqslant 0.01$ 的显著水平。

不同施肥措施对成熟期小麦氮素吸收影响较大，NPK 处理氮素累积吸收量和相对增加量最大，其次为 NPKM 和 NPKS 处理，CK 最小（图 4-7）。在等量无机氮施肥措施中，NPK 处理的累积吸收量和增加均要明显高于 NK 处理。等量无机氮和有机氮施肥措施中，NPKM 处理要稍高于 NPKS 处理。

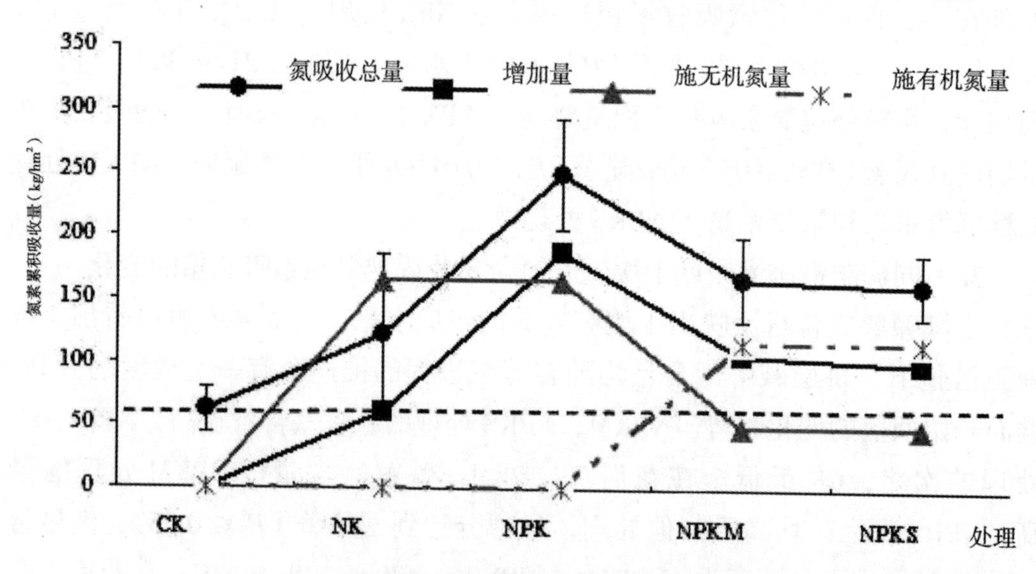


图4-7 不同施肥处理对成熟期小麦氮素吸收量的比较

## 三、讨论

灌浆期小麦对养分的吸收受多种因素的影响。杨洪宾等研究认为，垄作栽培较传统平作栽培措施更有利于改善小麦灌浆期田间的群体素质，群体从底部到顶部各层次相对光强增加，光分布得到优化，单位面积功能叶、鞘和茎干重增加，枯叶片干重减少；穗层上部穗干重大幅度增加，下落穗减少，穗层整齐。本研究表明，与不施肥或施氮钾肥相比，施氮磷钾化肥或氮磷钾与有机肥或秸秆还田配合施用，有利于提高和调节灌浆期田间群体数，增加小麦灌浆期茎、叶、鞘及穗等器官的干物质积累和氮素的累积。

氮肥作为重要的营养元素，随着施氮量增加超高产麦田灌浆期叶片的光合特性逐渐增强，光合“午休”现象有一定的减缓。过多施氮量（375 kg/hm$^2$）虽然有较高的光合速率，但是降低了群体叶面积指数，千粒质量下降，产量降低；长期相同施氮量，施氮磷钾维持较高的增产效果，氮磷钾与有机肥或秸秆配合的相对低些。本研究认为，在施氮量相同的条件下，施氮种类的不同影响到灌浆期小麦对氮素的吸收，在花后 21 ~ 35 d，施氮磷钾肥的小麦叶、籽粒、颖壳中氮含量较高，而氮磷钾肥与有机肥、秸秆配合施用则相对较低。由于有机氮肥的投入偏高，无机氮肥供应相对不足，使得花后 28d 左右，叶片开始逐渐衰老，比单施化肥氮肥的处理提前了 7 d 左右，造成了成熟期籽粒产量相对较低。因此，在小麦生产中应适当加大无机氮肥的施用量，提高灌浆后期小麦对养分的吸收能力，进而取得较高的粮食产量。

## 四、结论

本研究初步得出，在等氮量条件下，施氮量为 165kg/hm$^2$ 时，施用氮磷钾化肥或者与有机肥、秸秆配合施用有利于小麦在灌浆阶段维持田间较高的群体数和干物质的积累；氮磷钾肥与秸秆、有机肥配合施用较施氮磷钾肥有利于小麦在灌浆阶段在茎、鞘等器官的生长和干物质积累。在氮素吸收方面，施用氮磷钾化肥或者与有机肥、秸秆配合施用更有利于小麦灌浆期茎、叶、鞘、穗等器官对氮素的吸收、分配和累积。在等氮量条件下，施无机氮、有机氮分别为 49.5 kg/hm$^2$、115.5 kg/hm$^2$ 时，与不施肥 CK 处理相比，NPKM、NPKS 处理可以延长灌浆高峰期 7 d 左右，与 NPK、NK 处理相比则提前 7 d 左右；而施无机氮为 165 kg/hm$^2$ 时，与不施肥 CK 相比，NPK、NK 处理可以延长 14 天左右。在花后 1 ~ 14 d，NPKM、NPKS 处理在茎、穗部位氮素吸收累积量要高于NPK处理,其中穗部分别达到显著($P \leqslant 0.05$)、极显著($P \leqslant 0.01$)水平。在花后21 ~ 35 d，NPK处理在叶、籽粒部位氮素吸收累积量要高于NPKM、NPKS处理，其中在叶部均达到显著（$P \leqslant 0.05$）或极显著（$P \leqslant 0.01$）水平。此外，在灌浆期NPKM处理在穗部氮素累积量要高于NPKS处理。

# 第五章　新型粉垄立式旋耕技术的研究展望

粉垄立式旋耕耕作技术（立式旋耕耕作技术）是将旱地传统整地使用的牲畜或机械犁、耙，或人工挖、锄碎土起垄改变为利用专用机械垂直螺旋形钻头，按照作物种植需求将土壤旋磨粉碎并且自然悬浮成垄，垄与垄之间免耕部分即为人行道（排灌沟），粉垄面上种植相应作物，因该技术将土壤旋磨粉碎且自然成垄，将其命名为粉垄。立式旋耕机是指与拖拉机配套后置悬挂，通过动力输出带动螺旋刀轴或直刀在竖直方向旋转，进行切割、搅碎、疏松土壤的机具。粉垄立式旋耕耕作与其他耕作方式最大的区别在于整地的机具上，粉垄立式旋耕机械主要有整地的牵引架、变速箱、垂直螺旋钻头等部分，垂直螺旋钻头则由一根圆形主轴（长为 50 ～ 70 cm，直径为 5 ～ 7 cm），自下而上安装螺旋形碎土刀片（环式刀片、散式刀片）。在动力机械的带动下，垂直螺旋钻头直立旋转切磨粉碎土壤，达到整地的效果。钻轴入土深度达 30 ～ 60 cm，既能有效地打破土壤犁底层，改善土壤结构，机械作业一次，能达到犁地、耙地两道作业程序的效果，又能取得良好的作物产量。粉垄耕作技术提出以来，因其独特的机具结构、良好的作业效果和增产潜力，受到越来越多的关注和报道。

## 第一节　粉垄立式旋耕技术的产量效应

粉垄立式旋耕技术增产效果明显，在其他田间管理、品种、施肥措施相同的条件下，粉垄耕作方法能够显著提高小麦、水稻、玉米、马铃薯、甘蔗、花生等作物的产量。

研究表明，粉垄立式旋耕技术能够增加小麦的穗粒数（约增加 4.4 粒 / 穗），提高小麦灌浆中后期的光合性能，增产 20% 左右。在玉米的研究方面，粉垄立式旋耕技术能够提高春玉米的穗粒数，在灌浆快增期和缓增期平均灌浆速率随耕作深度增加的优势突出，最终增加百粒质量和产量；与拖拉机整地、畜力整地和人力整地相比，立式旋耕耕作能增加玉米根系的长度、数量以及玉米后期功能叶片的净光合速率，促进玉米根系生长发育，增加产量。此外，粉垄立式旋耕技术具有较好的后效，小麦季立式旋耕耕作，能够增加下茬玉米产量。水稻方面，与对照（CK）相比，粉垄栽培稻谷产量增加 23.87%，整精米率、蛋白质分别增加 15.95%、14.61%；粉垄立式旋耕技术能保持较长的后效特性，粉垄立式旋耕后第三季轻耕种植水稻收获产量增加 7.97%；至第六季时稻谷产量增产 1 832.7 kg/hm$^2$。

薯类方面，粉垄立式旋耕技术可以促进木薯前中期茎叶生长和生物量，增加木薯的单株结薯数、薯长、薯径、薯重，增加薯条数和产量。与传统的栽培方式相比，粉垄栽培的马铃薯株高、根系数量、根长度、产量分别增加 33.0%、37.6%、52.0%、25.1%。粉垄耕作能增加甘蔗产量达 20% 以上。与传统种植（拖拉机整地等）相比，粉垄立式旋耕技术栽培花生、大豆、桑树，其产量分别增加 13.8%、10.0%、54.8%。饲草方面，粉垄立式旋耕技术在有效改善土壤生态环境的基础上，产量增加 20% 以上。

## 第二节　粉垄立式旋耕技术的品质及养分效应

作物品质方面，有研究表明粉垄立式旋耕技术能够改善水稻、甘蔗的品质。与对照（CK）相比，粉垄栽培水稻结实率增加 7.6%，整精米率、蛋白质分别增加 16.0%、14.6%。粉垄立式旋耕技术可以提高薯块品质，增加鲜薯淀粉含量增加。粉垄栽培的马铃薯薯块产量和商品率分别增加 25.1%、3.7%。粉垄立式旋耕整地有利于甘蔗生长，品质得到改善，甘蔗蔗糖含量、蔗汁蔗糖含量分别增加 3.8% ~ 5.2%、3.6% ~ 5.5%，蔗汁还原糖分降低 5.5% ~ 9.8%。与传统种植（拖拉机整地等）相比，粉垄立式旋耕技术栽培大豆蛋白质增加 2%；粉垄耕作技术还可使牧草品质改善，粉垄种植豆科牧草、白花扁豆，粗蛋白质、粗脂肪分别比对照增高 2.6%、1.7%。

粉垄立式旋耕技术能够有效地改善耕层土壤结构，达到深松活土、客土改土，促进作物根系生长。与拖拉机整地等相比，粉垄立式旋耕的作物根系数量增多，长度增长，垂直分布下移，水平分布拓宽。保持较长后效特性，粉垄立式旋耕技术后第三季轻耕种植水稻收获时耕作层土壤紧实度比对照降低 68.0% ~ 333.3%；稻田粉垄耕作深度 20 ~ 22 cm，至第六季时仍保持良好的土壤耕层结构，土壤容重降低10.6%，土壤速效氮、速效磷、速效钾、有机质含量分别增加48.5%、23.9%、32.9%、21.5%。粉垄立式旋耕整地后土壤中的速效养分含量均比原土增加，旱地有机质、速效氮、速效磷和速效钾的增加量分别为3.0% ~ 35.2%、6.8% ~ 39.5%、2.8% ~ 44.5%、7.7% ~ 53.7%；微量元素硼、铜、锌、锰的有效含量增加，粉垄水稻田土壤有机质、速效氮、速效磷、速效钾的增加量分别为19.6%、24.0%、24.3%、57.8%。粉垄立式旋耕耕作利于水分入渗，增加了土壤贮水，改善了土壤水分供给；与旋耕和深松相比，粉垄立式旋耕后的耕层疏松深厚，土壤调蓄水分能力增强，总耗水量降低，水分利用效率提高，粉垄总耗水量比旋耕和深松减少10%左右。此外，在干旱地区粉垄立式旋耕技术有助于缓解干旱、防止水土流失、改善生态环境。

## 第三节　粉垄立式旋耕技术的经济及环境效应

长远看，粉垄耕作具有较好的经济效益。据测算，粉垄栽培水稻的生产成本稍高于传统种植，但由于显著提高稻谷的产量，粉垄栽培水稻模式中粉垄当造、粉垄后免耕栽培第二造、第三造的投入产出比均好于对照，粉垄栽培可以大幅度提高种植水稻的经济效益，净利润比对照多1 272 ~ 3 869元/$hm^2$，增幅达18.8% ~ 79.5%。

粉垄立式旋耕技术改善土壤状况的同时，促进了作物地上部的生长，对生态环境、群体小气候具有明显的改善或调控作用。与旋耕和深松相比，粉垄立式旋耕后的耕层疏松深厚，土壤调蓄水分能力增强，总耗水量降低；粉垄耕作利于水分入渗，增加了土壤贮水，改善了土壤水分供给。在干旱地区粉垄耕作技术有助于缓解干旱、防止水土流失、改善生态环境。研究表明，粉垄立式旋耕技术能改善小麦中后期的群体微环境、群体冠层以及土壤耕层的温度，提高群体内相对湿度，提高抗逆能力。此外，小麦季粉垄立式旋耕耕作，能够改善下茬玉米季田间群体的微环境。

## 第四节　粉垄立式旋耕技术存在的问题及展望

粉垄立式旋耕技术实现了犁翻耕、旋耕机旋耕的有机结合，立式旋耕作业一次，相当于翻耕、旋耕的两道作业，程序简单、实用方便，在农业机械化的道路上迈出了坚实的一步。但是，粉垄立式旋耕技术作为一种新的耕作方法和技术，在研究的深度和广度上存在以下问题：

（1）粉垄立式旋耕技术能够增加作物产量，但是增产的内在机制方面研究得尚不够深入和全面。例如，增加水稻、小麦、玉米的产量，当前的结论仅仅是从作物的根系、产量要素等方面来进行研究，而影响产量的进一步生理生化机制以及从分子水平上研究得很少。

（2）粉垄立式旋耕技术作为一种耕作技术，由于受多种因素的影响，如粉垄机或立式旋耕机的成本、宣传、认可等，粉垄研究的广度还很小。当前的研究仅仅是点状的，而离更大范围的线状、面状的研究尚有很大的距离。

（3）粉垄立式旋耕技术的区域适宜技术问题，我国幅员辽阔，不同农业种植区域农业生产特点存在差异，适宜于我国不同农业区的粉垄立式旋耕技术以及配套的施肥、灌溉、病虫草害防治等技术措施还没有完全形成，需要进一步地研究。

未来种植业将朝着省工、省力、省时、生态、可持续的现代化方面发展，而种植业环节中整地是非常关键的一环，粉垄立式旋耕技术将犁地、耙地两道程序进行了有机的统一，同时还能够有效地改善土壤结构，通过物理措施来协调土壤内部空间的水、肥、气、热等，发挥出土壤自身的功能，提高作物自身的抗逆能力，增加产量，应用前景十分广阔。所以说，粉垄立式旋耕技术将成为未来种植业发展的新方向，在保障农业生产、粮食安全、土壤可持续利用方面发挥重要作用。

# 第六章　粉垄立式旋耕耕作对作物产量的影响

小麦、玉米是我国重要的粮食作物，在保障国家粮食安全等方面占有重要的地位。围绕小麦增产，农业科研人员从育种、施肥、耕作栽培、植保等领域进行了大量的研究。近年来，在小麦、玉米一年两熟区连年旋耕作业，致使耕层变浅，犁底层变厚上移，土壤通透性变差，土地生产力和可持续生产能力下降。土壤耕作是调节和改善土壤水、肥、气、热最有效的方式，通过改进耕作方式能够快速实现土壤物理、化学性质的改善，提高作物对养分的利用效率。有研究报道，粉垄耕作可以显著提高作物的产量。粉垄立式旋耕技术是将旱地传统整地使用的牲畜或机械犁、耙，或人工挖、锄碎土起垄改变为利用专用机械垂直螺旋形钻头，按照作物种植需求将土壤旋磨粉碎并且自然悬浮成垄,粉垄面上种植相应作物。粉垄耕作作为一种新型的耕作方式，完全不同于犁翻耕、旋耕机旋耕等整地方式，既有犁翻耕的深松作用，同时具有旋耕后土壤疏松、土粒粉碎均匀的特点。粉垄耕作能够提高作物产量，改善作物（水稻）品质，同时还能提高作物的水分利用效率。相关研究表明，粉垄耕作方法能够显著提高水稻、马铃薯、甘蔗、玉米、花生等作物的产量。通过粉垄耕作，能够改善水稻、甘蔗等作物的品质。

## 第一节　粉垄耕作对潮土冬小麦生长及产量的影响

### 一、材料和方法

**1. 试验地概况**

试验地位于河南省焦作市温县黄庄镇（34°52′N，112°51′E），四季分明，属暖温带大陆性季风气候，光照充足，年平均气温 14 ~ 15℃，年积温

4 500℃以上，年日照 2 484 h，年降水量 550 ～ 700 mm，无霜期 210 d。土壤类型为潮土，偏碱性，土地肥沃，试验地基础土样有机质、全氮、速效钾、速效磷含量分别为 12.5 g/kg、0.88 g/kg、325.6 mg/kg、23.8 mg/kg。

**2. 试验设计**

试验采用单因素完全随机设计，设置 3 个处理，各处理为：①粉垄立式旋耕 1（FL1）。直接用粉垄机械深旋耕作业 1 遍，粉垄深度为 20 ～ 30 cm，然后用旋耕机轻度（入土 2 ～ 3 cm）旋耕平整 1 遍，施肥，播种。②粉垄立式旋耕 2（FL2）。用粉垄机械深旋耕作业 1 遍，粉垄深度为 30 ～ 40 cm，然后用旋耕机轻度（入土 2 ～ 3 cm）旋耕平整 1 遍，施肥，播种。③旋耕作为对照（CK）。用旋耕机旋耕 2 遍（入土 12 ～ 16 cm），施肥，播种。种植制度为小麦－玉米一年两熟轮作。每个小区占地 0.2 $hm^2$，重复 3 次，共计 9 个小区。各处理除耕作方式不同外，其他试验条件，如品种、施肥、灌溉、除草等均保持一致。试验选用的小麦品种为理生 828（省审理生 828），于 2013 年 10 月 16 日播种，播量 195 $kg/hm^2$。施肥：尿素 225 $kg/hm^2$、磷酸二铵 375 $kg/hm^2$、氯化钾 150 $kg/hm^2$。追肥本着前氮后移的原则，从拔节到孕穗阶段施尿素 150 $kg/hm^2$。

**3. 测定项目及方法**

在小麦的苗期、拔节期、孕穗期、成熟期采用 1 m 双行定点调查法调查田间群体数，成熟期用 SPAD 计测定旗叶中部 SPAD 值，在小麦收获时取 1 m 样段进行考种，测定株高、穗长、穗粒数等；各处理实收测产。

**4. 数据处理**

试验数据用 Excel、DPS 等软件进行整理分析。

## 二、结果与分析

**1. 粉垄立式旋耕耕作对不同生育时期冬小麦群体数的影响**

粉垄立式旋耕对土层的扰动方式与犁翻耕和旋耕机旋耕不同，它是由数根垂直的钻头螺旋前行，通过钻头周围的螺旋刀片水平横切土层，进而达到疏松土壤、改善其物理性状的目的。由图 6–1 可以看出，立式旋耕与旋耕对小麦群体数的影响存在差异：在小麦苗期，FL1、FL2 处理的小麦群体数与 CK 相比没有明显差异；在拔节期，FL1（1 405.2 万茎 /$hm^2$）、FL2（1 418.0 万茎 /$hm^2$）处理的群体数低于 CK（1 503.3 万茎 /$hm^2$）；到孕穗期，小麦群体发生明显的两极分化，无效分蘖逐渐死亡，FL1、FL2 处理的群体数分别为

762.7 万茎 /hm²、798.6 万茎 /hm²，高于 CK（698.6 万茎 /hm²），但是各耕作处理间没有明显的差异；成熟期，FL1、FL2 处理的群体数分别为 730.6 万茎 /hm²、761.4 万茎 /hm²，分别比 CK（683.9 万茎 /hm²）显著增加 46.7 万茎 /hm²、77.5 万茎 /hm²。

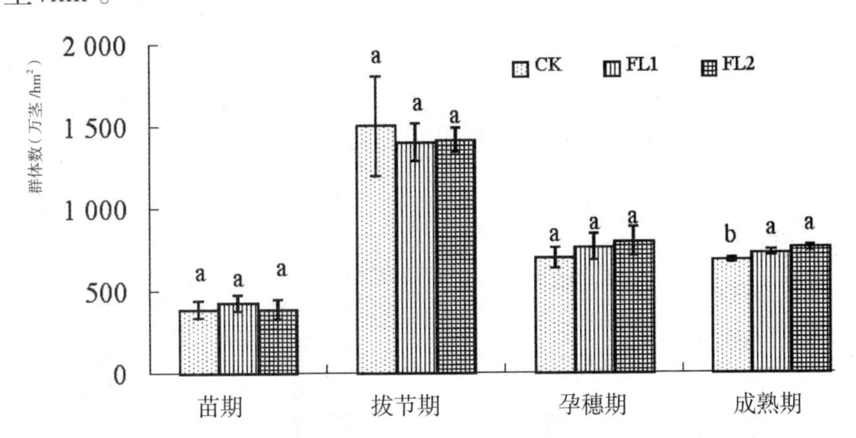


**图6-1　粉垄立式旋耕耕作对冬小麦不同生育时期群体数的影响**

注：图中同一时期不同字母代表不同处理间差异显著（$P \leq 0.05$）。

## 2. 粉垄立式旋耕耕作对冬小麦成熟期株高、穗长和穗粒数的影响

粉垄立式旋耕与旋耕对土壤扰动的方式和深度不同，对土壤物理性质的改善程度也存在差异，最终反映在地上部作物的生长状况上。表 6-1 可知，小麦成熟期，FL1、FL2 处理的小麦株高分别为 61.0 cm、60.6 cm，比 CK（60.1 cm）略高；FL1、FL2、CK 处理的小麦穗长分别为 6.25 cm、6.67 cm、6.53 cm，处理间差异不明显；粉垄耕作对小麦的穗粒数影响较大，FL1、FL2 处理的小麦穗粒数均为 31.2 粒，比 CK（26.8 粒）增加 4.4 粒，达到极显著差异水平；同时，粉垄立式旋耕处理的小麦旗叶光合性能较好，FL1、FL2 处理的小麦旗叶 SPAD 值分别为 51.3、46.7，均极显著高于 CK（20.2）。

**表6-1　粉垄立式旋耕耕作对冬小麦生育指标的影响**

| 处理 | 株高（cm） | 穗长（cm） | 穗粒数（粒） | SPAD 值 |
|---|---|---|---|---|
| FL1 | 61.0aA | 6.25aA | 31.2aA | 51.3aA |
| FL2 | 60.6aA | 6.67aA | 31.2aA | 46.7aA |
| CK | 60.1aA | 6.53aA | 26.8bB | 20.2bB |

注：表中同一列不同字母小、大写分别代表不同处理间差异显著（$P \leq 0.05$）、极显著（$P \leq 0.01$）。

**3. 粉垄立式旋耕耕作对冬小麦产量的影响**

由图 6–2 可以看出，小麦成熟期 FL1、FL2 处理的小麦理论产量分别为 9 573.6 kg/hm$^2$、9 977.9 kg/hm$^2$，比 CK（7 668.8 kg/hm$^2$）分别增加了 1 904.8 kg/hm$^2$、2 309.1 kg/hm$^2$，而且差异均达到了显著水平。FL1、FL2、CK 处理实收产量分别为 8 137.6 kg/hm$^2$、8 481.2 kg/hm$^2$、6 518.5 kg/hm$^2$，粉垄立式旋耕处理的小麦产量均显著高于 CK，FL1、FL2 分别比 CK 增产 24.8%、30.1%。理论产量与实收产量表现出相同的趋势。

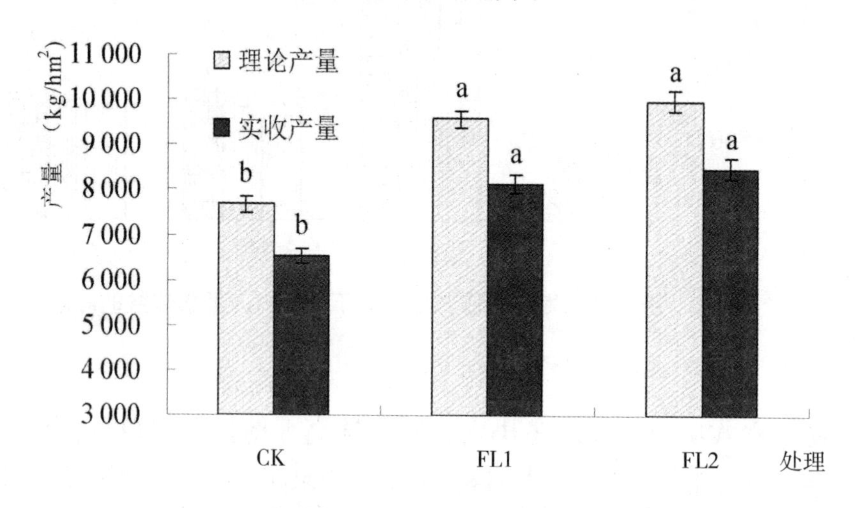


图6–2　粉垄立式旋耕耕作对冬小麦产量的影响

## 三、讨论

本研究表明，粉垄耕作的两种处理方式能够提高小麦的穗粒数，进而提高小麦的籽粒产量。这与在水稻土上粉垄立式旋耕能够增加小麦的穗粒数，最终提高小麦产量的研究结论一致。此外，粉垄立式旋耕作为一种新的耕作方法和耕作技术，在农业生产上还有很多需要改进和完善的地方，本研究是在秸秆不还田前提下，粉垄立式旋耕的作业效果较好；在小麦、玉米两熟制农区，秸秆还田时，粉垄作业的效果以及难度等均需要考虑和进一步的研究。

## 四、结论

本研究初步得出，粉垄立式旋耕较旋耕能够增加小麦成熟期的穗粒数和产量；增强小麦后期旗叶的光合性能。FL1、FL2 处理的群体数分别为 730.6 万茎 /hm$^2$、761.4 万茎 /hm$^2$，分别比 CK（683.9 万茎 /hm$^2$）增加 46.7 万茎 /hm$^2$、77.5 万茎 /hm$^2$，均显著高于对照。FL1、FL2 处理的小麦穗粒数均为 31.2 粒，比 CK（26.8 粒）增加 4.4 粒，达到极显著差异；小麦旗叶 SPAD 值分别为 51.3、46.7，均极显著高于 CK（20.2）。粉垄立式旋耕（FL1：8 137.6 kg/hm$^2$。FL2：8 481.2 kg/hm$^2$）小麦的实收产量均显著高于 CK（6 518.5 kg/hm$^2$），分别比 CK 增产 24.8%（FL1）、30.1%（FL2）。

## 第二节　粉垄立式旋耕后效对夏玉米生长及产量的影响初探

### 一、材料和方法

**1. 试验地概况**

试验地位于河南省焦作市温县黄庄镇（34°52′N，112°51′E），四季分明，属暖温带大陆性季风气候，光照充足，年平均气温 14 ~ 15℃，年积温 4 500℃以上，年日照 2 484 h，年降水量 550 ~ 700 mm，无霜期 210 d。土壤类型为潮土，偏碱性，土地肥沃，试验地基础土样有机质、全氮、速效钾、速效磷含量分别为 12.5 g/kg、0.88 g/kg、325.6 mg/kg、23.8 mg/kg。

**2. 试验设计**

试验采用单因素完全随机设计，设置 3 个处理，夏玉米播种前小麦季各处理的耕作方式分别为：①粉垄立式旋耕 1（FL1）。直接用粉垄机械深旋耕作业 1 遍，粉垄深度为 20 ~ 30 cm，然后用旋耕机轻度（入土 2 ~ 3 cm）旋耕平整 1 遍，施肥，播种。②粉垄立式旋耕 2（FL2）。用粉垄机械深旋耕作业 1 遍，粉垄深度为 30 ~ 40 cm，然后用旋耕机轻度（入土 2 ~ 3 cm）旋耕平整 1 遍，施肥，播种。③旋耕作为对照（CK）。用旋耕机旋耕 2 遍入土（12 ~ 16 cm），施肥，播种。种植制度为小麦、玉米一年两熟轮作。每个小区占地 0.2 hm$^2$，重复 3 次，共计 9 个小区。小麦于 2014 年 5 月 30 日收获，6 月 12 日播种夏玉米，品种为先玉 335，密度为 6.25 万株 /hm$^2$；选用的肥料类型为沃夫特控释肥［总养分≥ 45%，15（N）-15（$P_2O_5$）-15（$K_2O$）］，施肥量为 600 kg/hm$^2$，苗期至喇叭口期一次施入。各处理除耕作方式不同外，其他试验条件，如品种、施肥、灌溉、除草等均保持一致。

**3. 测定项目及方法**

在玉米成熟期田间取有代表性的植株，连续取 3 株进行考种，测定株高、穗长、根干物质质量、单株干物质质量、穗行数、行粒数、穗粒数、轴干物质质量、单穗籽粒质量等，实收计算产量。

**4. 数据处理**

试验数据用 Excel、DPS 等软件进行整理分析。

## 二、结果与分析

### 1. 粉垄立式旋耕后效对夏玉米生长因子的影响

由于粉垄立式旋耕方式在小麦播种前耕作深度较深，对耕作层的扰动较大，经过小麦季的生长，对下茬玉米的生长依然有较强的耕作后效。由图 6–3、图 6–4 可以看出，FL1（328.3 cm）、FL2（319.0 cm）处理的株高均极显著高于 CK（266.7 cm），FL1、FL2 处理之间没有明显的差异。此外，FL1、FL2、CK 处理的穗长分别为 22.0 cm、21.0 cm、20.0 cm，处理间差异不显著。

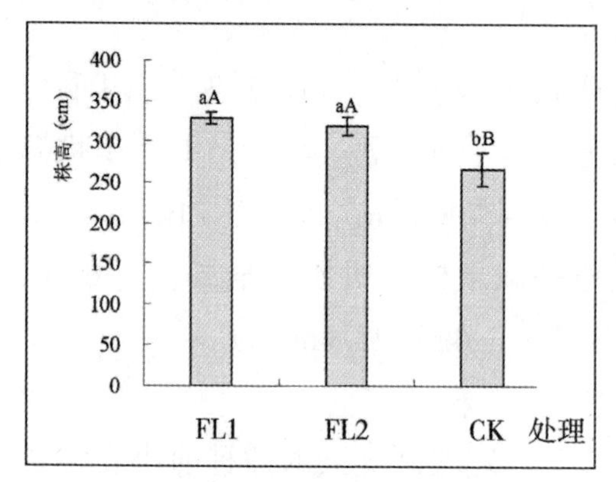


图6–3　粉垄立式旋耕后效对夏玉米株高的影响

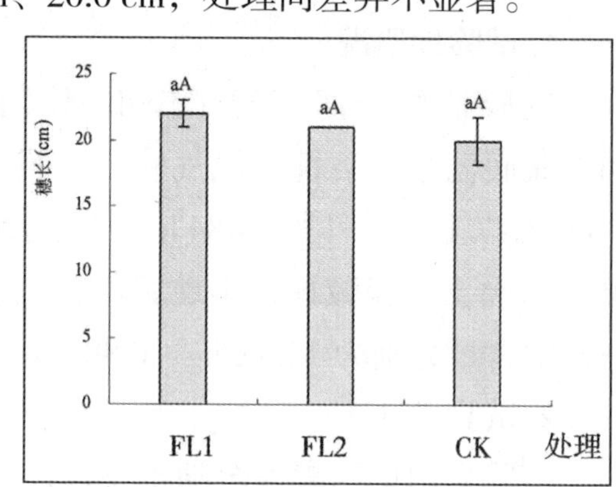


图6–4　粉垄立式旋耕后效对夏玉米穗长的影响

注：图中不同小、大写字母分别代表不同处理间差异显著（$P \leqslant 0.05$）、极显著（$P \leqslant 0.01$）。

粉垄立式旋耕后效对夏玉米的单株干物质质量和根干物质质量的影响，由图 6–5，图 6–6 可以看出，FL1 处理的单株干物质质量最大，为 246.1 g，显著高于 CK（189.6 g），FL2（242.3 g）次之；FL1、FL2 处理间差异不显著。粉垄立式旋耕后效对根部影响有相同的趋势，FL1（52.7 g/ 株）> FL2（46.4 g/ 株）> CK（30.1 g/ 株），其中 FL1 处理的根干物质质量显著高于 CK。

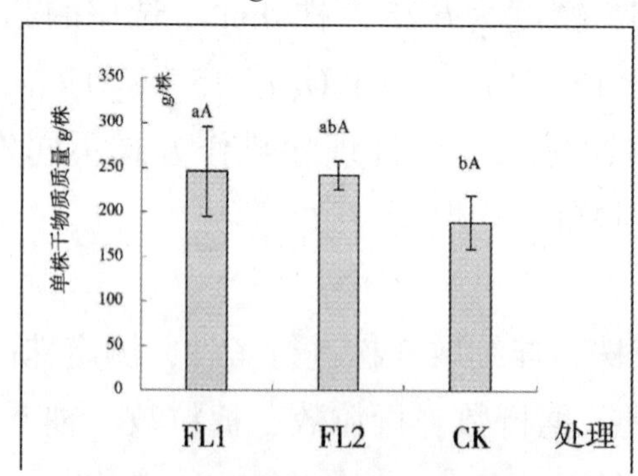


图6–5　粉垄立式旋耕后效对夏玉米单株干物质质量的影响

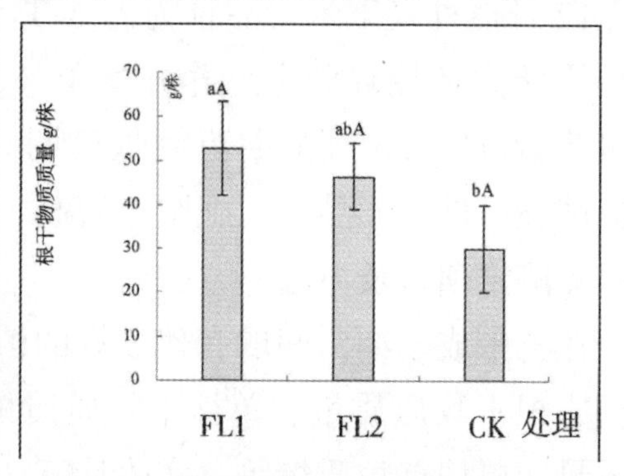


图6–6　粉垄立式旋耕后效对夏玉米根干物质质量的影响

注：图中小、大写字母分别代表不同处理间差异显著（$P \leqslant 0.05$）、极显著（$P \leqslant 0.01$）。

**2. 粉垄立式旋耕后效对夏玉米穗部性状的影响**

小麦季粉垄立式旋耕后效对玉米穗部生长的影响，由表 6–2 可以看出，FL1、FL2、CK 处理的穗行数分别为 17.7 行 / 穗、17.3 行 / 穗、14.7 行 / 穗，其中 FL1、FL2 处理显著高于 CK。穗粒数方面，FL1、FL2、CK 处理的穗粒数分别为 665.0 粒 / 穗、637.0 粒 / 穗、596.3 粒 / 穗，粉垄立式旋耕处理（FL1、FL2）高于 CK；各处理的单穗籽粒质量、单穗轴干物质质量与穗粒数趋势一致。而且 FL1、FL2 处理的果穗质量较高，分别为 308.5 g/ 穗、277.8g/ 穗，两个处理间差异不显著，但是 FL1 处理显著高于 CK（259.3 g/ 穗）。粉垄立式旋耕后效 FL1 处理的百粒质量最大，显著高于 CK（35.1 g），达到 38.4 g，FL2 处理的相对较小，为 35.9 g。此外，CK（41.9 粒 / 行）处理的行粒数最高，极显著高于 FL2（38.6 粒 / 行）；FL1（40.4 粒 / 行）次之。

表6–2　粉垄立式旋耕后效对夏玉米穗部性状的影响

| 处 理 | 穗行数（行 / 穗） | 行粒数（粒 / 行） | 穗粒数（粒 / 穗） | 单穗质量（g/ 穗） | 单穗籽粒质量（g/ 穗） | 轴干物质质量（g） | 百粒质量（g） |
|---|---|---|---|---|---|---|---|
| FL1 | 17.7aA | 40.4abAB | 665.0aA | 308.5aA | 251.3aA | 30.7aA | 38.4aA |
| FL2 | 17.3aA | 38.6bB | 637.0aA | 277.8abA | 225.3aA | 28.7aA | 35.9abA |
| CK | 14.7bA | 41.9aA | 596.3aA | 259.3bA | 213.8aA | 26.1aA | 35.1bA |

注：表中同列不同小、大写字母分别代表不同处理间差异显著（$P \leqslant 0.05$）、极显著（$P \leqslant 0.01$）。

**3. 粉垄立式旋耕后效对夏玉米产量的影响**

小麦季粉垄立式旋耕后效对玉米籽粒产量的影响，由图 6–7 可以看出，FL1 处理的籽粒产量最高，达到 9 723.3 kg/hm$^2$，FL2（8 720.3 kg/hm$^2$）处理的籽粒产量次之，CK（8 273.7 kg/hm$^2$）处理的最低；其中 FL1 处理显著高于对照，FL2 处理籽粒产量虽较高，但是与 CK、FL1 处理则未达到显著水平。

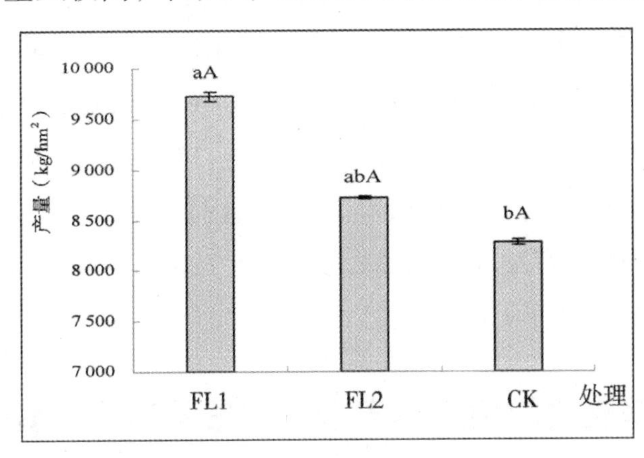


图6–7　粉垄立式旋耕后效对夏玉米籽粒产量的影响

## 三、讨论

对粉垄立式旋耕种植春玉米的研究表明，与旋耕相比，粉垄立式旋耕通过提高春玉米的穗粒数和籽粒重量来提高产量。本研究表明，在小麦、玉米轮作种植条件下，粉垄耕作的两种处理方式不仅能够提高小麦季的产量，而且粉垄立式旋耕后效对下茬玉米有持续的增产作用。与旋耕相比，粉垄立式旋耕深松能够增加玉米的株高、穗长、单株干物质质量及根干物质质量，通过增加穗粒数和单穗籽粒重来提高产量，FL1（9 723.3 kg/hm$^2$）＞FL2（8 720.3 kg/hm$^2$）＞CK（8 273.7 kg/hm$^2$）。其中FL1处理显著高于CK。研究表明，对玉米粒重起重要作用的是灌浆速率、灌浆期及有效灌浆期；同一品种的籽粒粒重则主要受灌浆速率的影响；同时，粉垄立式旋耕春玉米的灌浆速率远高于旋耕，灌浆期则比旋耕略有缩短。这说明提高玉米灌浆速率是粉垄耕作促进玉米增产的主要原因；同时也反映出，在小麦、玉米一年两熟区，小麦季粉垄立式旋耕耕作对下茬玉米的后效仍然较为明显。此外，粉垄立式旋耕是一种新的耕作方式，在农业生产上还有很多需要改进和完善的地方，在小麦、玉米两熟制农区，粉垄作业对当季及下季作物影响的机制等均需要进一步地研究。

## 四、结论

本研究初步得出，小麦季粉垄立式旋耕深松后效能够促进玉米的株高、穗长、单株干物质重等生长因子的生长，FL1（328.3 cm）、FL2（319.0 cm）处理的株高均极显著高于CK（266.7 cm），FL1（246.1 g）处理的单株干物质重显著高于FL2（242.3 g）和CK（189.6 g）。小麦季粉垄立式旋耕深松后效能增加玉米的穗行数、穗粒数、单穗籽粒质量等，FL1（17.7行/穗）、FL2（17.3行/穗）处理的穗行数显著高于CK（14.7行/穗）。FL1（308.5g/穗）的果穗质量显著高于CK（259.3g/穗）。FL1（38.4 g）处理的百粒质量显著高于CK（35.1g）。CK（41.9粒/行）处理的行粒数最高，极显著高于FL2（38.6粒/行）。玉米籽粒产量大小为：FL1（9723.3 kg/hm$^2$）＞FL2（8 720.3 kg/hm$^2$）＞CK（8 273.7 kg/hm$^2$）。其中FL1显著高于CK。

# 第三节　粉垄立式旋耕对小麦玉米产量及耕层土壤养分的影响

土壤是作物赖以生存的重要载体，作物吸收的养分、水分通过土壤载体运送到植株地上部；土壤耕层的厚薄，蓄水、蓄肥能力的大小对作物能否取得高产起到至关重要的作用。目前，粉垄耕作技术在小麦、水稻、马铃薯、甘蔗、玉米、花生等作物上有较多研究，而关于土壤养分方面的报道则较少。黄淮平原是我国重要的粮食主产区，由于多年的浅旋耕耕作导致土壤耕层变浅，生产力下降，土壤自身的潜力难以得到发挥。因此，研究粉垄立式旋耕后作物产量和土壤耕层养分含量的变化，可以为进一步解析粉垄耕作技术的增产机制，制定配套合理的耕作施肥技术，实现土壤良性生产，粮食丰产稳产提供参考。

## 一、材料和方法

### 1. 试验地概况

温县试验基地位于河南省焦作市温县黄庄镇（34°52′N，112°51′E），属暖温带大陆性季风气候，四季分明，光照充足，年平均气温、积温、日照、降水量、无霜期分别为 14 ~ 15℃、>4 500℃、2 484 h、550 ~ 700 mm、210 d。土壤类型为潮土，轻壤质地，机械组成为：沙粒（2 ~ 0.02 mm）占 54.6%，粉粒（0.02 ~ 0.002 mm）占 29.3%，黏粒（<0.002 mm）占 16.1%，偏碱性（pH8.1），土地肥沃。试验地基础土壤有机质、全氮、有效磷、速效钾含量分别为 12.50 g/kg、0.88 g/kg、23.8 mg/kg、325.60 mg/kg。

西华试验基地位于河南省周口市西华县迟营乡（33°37′N，114°46′E），属暖温带半湿润季风气候，光照充足，雨热同季，海拔在 47.8 ~ 55.8 m，年平均气温、日照、降水量、无霜期分别为 14℃、1 971 h、750 mm、224 d。土壤类型为砂姜黑土，重壤偏黏，机械组成为：沙粒（2 ~ 0.02 mm）占 24.6%，粉粒（0.02 ~ 0.002 mm）占 39.1%，黏粒（<0.002 mm）占 36.3%，中性偏弱碱性（pH7.4），土地肥沃，试验地基础土壤有机质、全氮、有效磷、速效钾含量分别为 14.60 g/kg、0.82 g/kg、7.94 mg/kg、237.60 mg/kg。

### 2. 试验设计

试验采用单因素完全随机设计，种植制度为小麦 – 玉米一年两熟轮作制，设置 3 个处理，小麦季各处理为：①粉垄立式旋耕 1（FL1）。直接用立式旋耕机（ZL201420080203.1/ZL201620176681.1）深旋耕作业 1 遍，粉垄土壤耕层深度为 20 ~ 30 cm，然后用旋耕机轻度（入土 2 ~ 3 cm）旋耕平整 1 遍，施肥，播种。②粉垄立式旋耕 2（FL2）。用立式旋耕机（同 FL1）深旋耕作业 1 遍，粉垄土壤耕层深度为 30 ~ 40 cm，然后用旋耕机轻度（入土 2 ~ 3 cm）旋耕平整1遍，施肥，播种。③旋耕为对照（CK）。用旋耕机旋耕2遍（12 ~ 16 cm），施肥，播种。每个小区占地0.2 $hm^2$，重复3次，共计9个小区。小麦季施肥：尿素225 $kg/hm^2$、磷酸二铵375 $kg/hm^2$、氯化钾150 $kg/hm^2$。追肥本着前氮后移的原则，拔节到孕穗阶段施尿素150 $kg/hm^2$。玉米季施肥：沃夫特控释肥［总养分≥45%，15（N）-15（$P_2O_5$）-15（$K_2O$），温县基地］，复合肥［总养分≥45%，15（N）-15（$P_2O_5$）-15（$K_2O$），西华基地］，施肥量为600 $kg/hm^2$，苗期至喇叭口期一次施入。玉米季在小麦季处理的基础上贴茬播种夏玉米；处理间除耕作方式不同外，其他试验条件，如品种、施肥、灌溉、除草等均保持一致。

温县基地（2013 ~ 2014）：试验选用的小麦品种为理生828（省审理生828），2013年10月16日播种，2014年5月30日收获，播量195 $kg/hm^2$。夏玉米6月12日播种，当年9月30日收获，品种为先玉335，密度为6.25万株/$hm^2$。

西华基地（2014 ~ 2015）：试验选用的小麦品种为周麦22（国审麦2007007），2014年10月20日播种，2015年5月29日收获，播量165 $kg/hm^2$。夏玉米6月10日播种，当年10月1日收获，品种为郑单958，密度为6.9万株/$hm^2$。

**3. 测定项目及方法**

在小麦的播种前、成熟期和玉米的成熟期测定（0 ~ 20 cm）土壤碱解氮、有效磷、速效钾、有机质等养分含量，分别用碱解扩散法、0.5 mol/L碳酸氢钠法、乙酸铵浸提-火焰光度法、重铬酸钾法测定。作物成熟期，各处理实收测产。

**4. 数据处理**

文中数据用Excel、SPSS等软件进行整理，用LSD法进行显著性分析，$P \leq 0.05$表示显著性差异水平。

## 二、结果与分析

**1. 粉垄立式旋耕后小麦、玉米产量的变化**

粉垄立式旋耕后作物的产量发生了较大的变化，FL1、FL2处理的小麦、玉米产量较旋耕对照（CK）均有明显的提高。粉垄立式旋耕当季，温县基地FL1、FL2处理小麦的产量均显著高于CK处理，比对照分别增加了1 619.1 $kg/hm^2$、1 962.7 $kg/hm^2$，当季增产幅度分别为24.8%、30.1%。西华基地FL1、FL2处理小麦的产量同样均显著高于CK，当季增产幅度分别为 12.1%、16.8%（表 6-3）。粉垄立式旋耕处理之间则表现为：FL1（耕层：20 ~ 30 cm）处理的小麦当季平均增产幅度为 18.5%，FL2（耕层：30 ~ 40 cm）处理的小麦当季平均增产幅度为 23.5%；FL2 处理的当季增产效果高于 FL1 处理；说明适当增加耕作层的厚度更有助于小麦产量的提高。

研究区域属于小麦 - 玉米一年两熟种植区，粉垄立式旋耕后对下季（茬）玉米产量的影响，由表 6-3 可以看出，FL1、FL2 处理的玉米产量均高于 CK，其中，FL1 显著高于 CK，FL2 仅在西华基地显著高于 CK，FL1、FL2 在温县和西华基地的增产幅度分别为 17.5%、5.4% 和 3.3%、6.2%；FL1、FL2 处理间存在一定差异，FL1、FL2 处理的下茬玉米平均增产幅度分别为 10.4%、5.8%，但是未达到显著水平。说明在小麦、玉米一年两熟种植区域采用粉垄立式旋耕耕作技术对全年作物产量的提高均有良好的促进作用。

表6-3 粉垄立式旋耕后小麦、玉米产量的比较

| 作物 | 处理 | 温县（2013 ~ 2014 年） | | | 西华县（2014 ~ 2015 年） | | |
|---|---|---|---|---|---|---|---|
| | | 产量（kg/hm$^2$） | 增产（kg/hm$^2$） | 增幅（%） | 产量（kg/hm$^2$） | 增产（kg/hm$^2$） | 增幅（%） |
| 小麦 | FL1 | 8 137.6 ± 190.8 a | 1 619.1 | 24.8 | 9 052.5 ± 328.0a | 978.0 | 12.1 |
| | FL2 | 8 481.2 ± 227.8a | 1 962.7 | 30.1 | 9 429.5 ± 392.8a | 1 355.0 | 16.8 |
| | CK | 6 518.5 ± 174.3b | / | / | 8 074.5 ± 236.7b | / | / |
| 玉米 | FL1 | 9 723.2 ± 445.1a | 1 449.5 | 17.5 | 10 792.5 ± 494.0a | 346.5 | 3.3 |
| | FL2 | 8 720.3 ± 315.2ab | 446.6 | 5.4 | 11 098.5 ± 401.2a | 652.5 | 6.2 |
| | CK | 8 273.7 ± 1201.5b | / | / | 10 446.0 ± 522.3b | / | / |

注：同一列不同字母代表处理间 $P \leq 0.05$ 的显著水平。

**2. 粉垄立式旋耕后土壤养分的变化**

粉垄立式旋耕后土壤养分的变化，在小麦成熟期，由图 6-8A 可以看出，在温县基地，FL1、FL2 处理的土壤速效钾含量分别比 CK 处理高 78.67 mg/kg、70.30 mg/kg，而土壤碱解氮、有效磷、有机质含量则均显著低于 CK，分别低 30.62mg/kg、29.90 mg/kg、0.30% 和 30.62 mg/kg、33.33 mg/kg、0.34%。FL1 处理的土壤养分含量稍高于 FL2 处理（碱解氮除外），但差异不显著。在西华基地，FL1、FL2 处理耕层土壤碱解氮含量低于 CK 处理，分别低 11.31 mg/kg、3.77 mg/kg，其中 FL1 显著低于 CK；土壤速效钾含量则均显著低于 CK 处理，分别低 16.12 mg/kg、10.64 mg/kg。土壤有效磷含量则显著高于 CK，平均高 2.2mg/kg；土壤有机质在各处理之间没有显著差异（图 6-8B）。

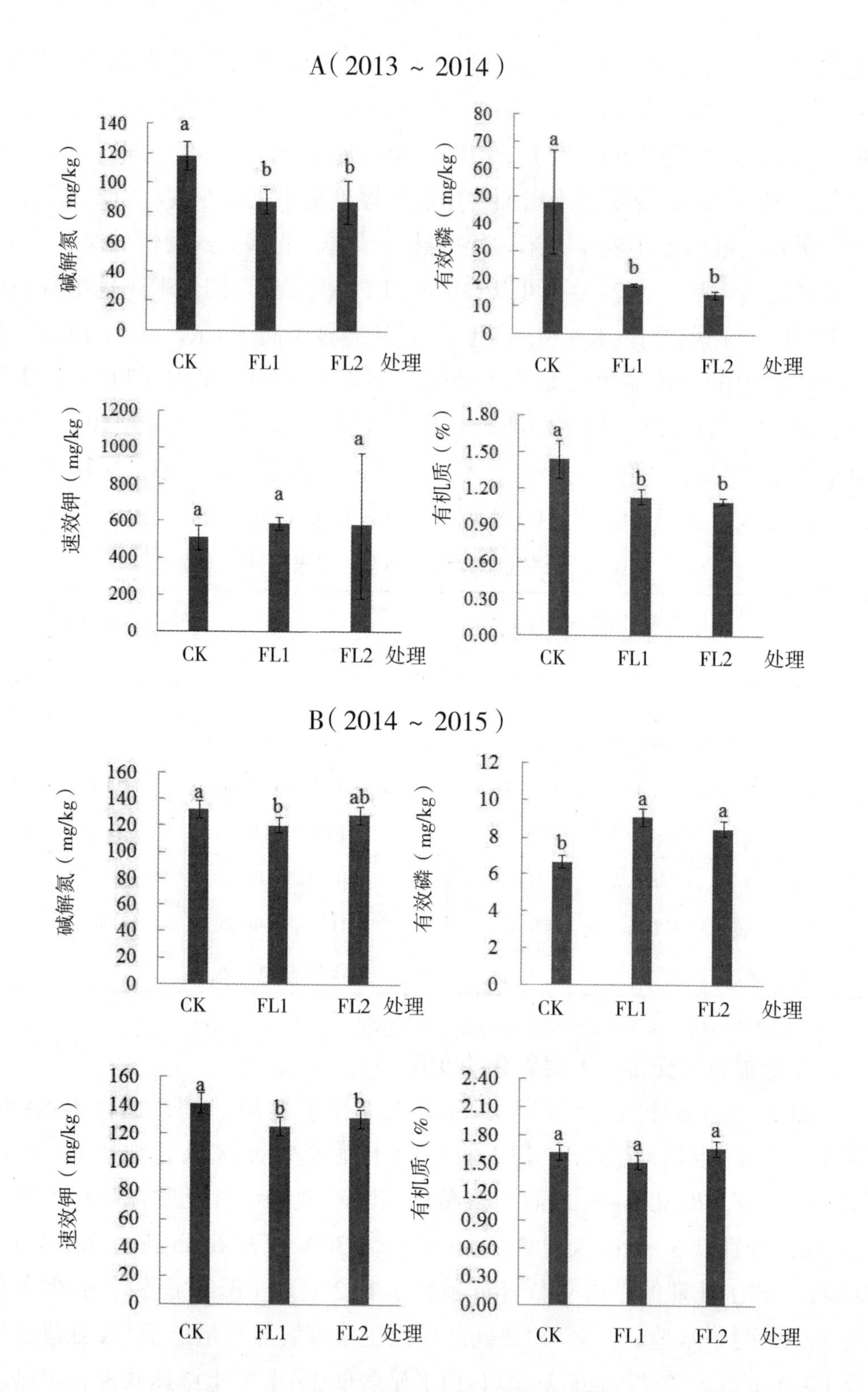


**图6-8　粉垄立式旋耕后小麦季土壤养分的变化**

注：图中不同小写字母代表不同处理间 $P \leqslant 0.05$ 的显著水平，A（2013 ~ 2014）、B（2014 ~ 2015）分别表示温县、西华。

在玉米成熟期，在温县基地，FL1、FL2 处理的土壤碱解氮、有效磷、速效钾含量均低于 CK，其中 FL1 处理的有效磷、速效钾含量和 FL2 处理的碱解氮均含量则显著低于 CK，分别比 CK 低 19.40 mg/kg、58.43mg/kg 和 27.84 mg/kg。FL1 处理的碱解氮含量显著高于 FL2，其他处理之间的养分差异则不显著（图 6-9）。

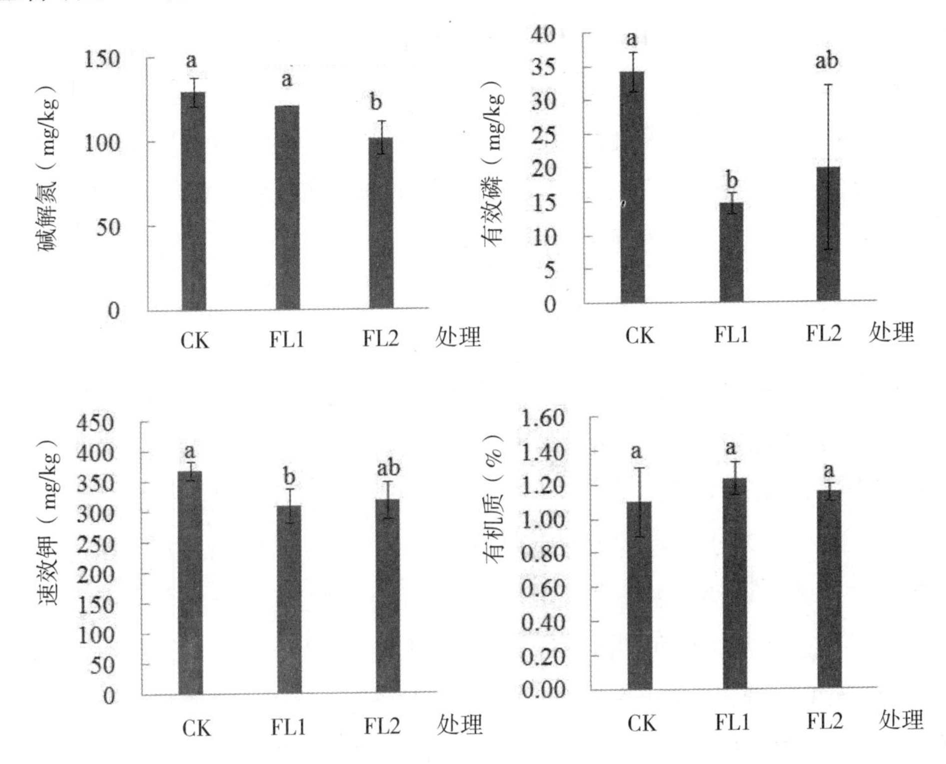


图6-9　粉垄立式旋耕后玉米季土壤养分的变化

**3. 粉垄立式旋耕对肥料偏生产力（PFP）的影响**

肥料偏生产力（PFP）是反映当地土壤基础养分水平和化肥施用量综合效应的重要指标。本研究中除耕作方式不同外，其他措施均保持一致。粉垄立式旋耕对小麦养分偏生产力的影响，在温县基地，小麦季 FL1、FL2、CK 处理的氮肥偏生产力（PFP，N）分别为 33.39 kg/kg、34.79 kg/kg、26.74 kg/kg，FL1、FL2 处理分别高出 CK 处理 6.65 kg/kg、8.05 kg/kg，均显著高于对照；FL1、FL2 处理的磷肥偏生产力（PFP，$P_2O_5$）比 CK 处理分别高出 9.59 kg/kg、11.63 kg/kg，钾肥偏生产力（PFP，$K_2O$）则均高出 CK 处理 18%，同样显著高于 CK。在西华基地也保持同样的趋势，FL1 和 FL2 处理小麦当季氮肥（PFP，N）、磷肥（PFP，$P_2O_5$）、钾肥（PFP，$K_2O$）平均偏生产力分别比 CK 高出

5.33 kg/kg、7.69 kg/kg、14.92 kg/kg 和 6.81 kg/kg、9.83 kg/kg、19.07 kg/kg。在温县、西华两个基地，FL1 处理的氮、磷、钾偏生产力均高于 FL2 处理，但是差异不显著。

粉垄立式旋耕对玉米季养分偏生产力的影响，在温县基地，玉米季 FL1、FL2 处理的氮、磷、钾肥偏生产力均高于 CK，其中 FL1 处理显著高于 CK；以氮肥为例，FL1、FL2、CK 处理的氮肥偏生产力（PFP，N）分别为 108.04 kg/kg、96.89 kg/kg、91.93 kg/kg，粉垄立式旋耕处理高出 4 ~ 15 个单位，FL1>FL2。在西华基地，FL1、FL2、CK 处理的氮肥偏生产力（PFP，N）分别为 119.92 kg/kg、123.32 kg/kg、116.07 kg/kg，粉垄立式旋耕处理高出 3 ~ 7 个单位，FL1<FL2，各处理间差异不显著。

## 三、讨论

粉垄立式旋耕作为一种新的耕作技术，自提出以来得到了较多的关注和研究。以往研究表明粉垄立式旋耕可以显著增加作物的产量。本研究通过两年两地作物的试验发现，粉垄立式旋耕不仅能增加当季（小麦）作物的产量，同时对下茬（玉米）也有较好的增产效果，这是对以往研究的丰富和完善。粉垄立式旋耕对当季的增产效果最大，在温县基地，土壤类型为潮土，轻壤质地，气候类型为暖温带大陆季风气候，FL1、FL2 处理小麦分别比 CK 处理增加了 1 619.1 kg/hm$^2$、1 962.7 kg/hm$^2$；在西华基地，土壤类型为砂姜黑土，重壤偏黏，气候类型暖温带半湿润季风气候，FL1、FL2 处理仍然比 CK 处理分别增加了 978.0 kg/hm$^2$、1 355.0 kg/hm$^2$。说明通过耕作措施，特别是耕层厚度改善，可以激发出土壤的潜在生产能力，这种效果不受土壤类型、质地以及气候等因素的影响。从两个基地增产的具体数量来看，与 CK（12 ~ 16 cm）相比，粉垄耕作 15 亩（1 亩 ≈ 667m$^2$）的生产能力相当于旋耕 16 ~ 19 亩的生产能力，这对于采取绿色的技术模式解决当前农田问题，获得粮食高产稳产，促进农业现代化具有重要的启示意义。同时本研究中 FL2（30 ~ 40 cm）处理的小麦产量均高于 FL1（20 ~ 30 cm）处理，说明适当增加耕作层的厚度更有助于当季（小麦）作物产量的提高。

此外，在相同的品种、肥、水、管理等条件下，通过改变耕作方式能够提高作物对养分的吸收和利用率，耕层土壤养分在成熟期的下降和肥料偏生产力的提高说明了这一点；FL1、FL2 处理耕层土壤主要养分较 CK 有一定程度的下降，而氮、磷、钾等养分的偏生产力（PFP）均高于 CK。这与以往报道的粉垄立式旋耕能够有效地改善耕层土壤结构，达到深松活土、客土改土，促进作物根系生长，通过增加作物根系数量、长度，扩大了根系的吸收范围相一致。同时粉垄土壤结构保持了较长的后效特性，粉垄耕作后第三季轻耕种植水稻收获时耕作层土壤紧实度比 CK 降低 68.0% ~ 333.3%；稻田粉垄耕作深度 20 ~ 22 cm，至第六季时仍保持良好的土壤耕层结构，土壤容重降低 10.6%，粉垄耕作利于水分入渗，增加了土壤贮水，改善了土壤水分供给。这些均说明了粉垄耕作构建了良好的耕层结构，一方面有利于作物和根系的生长，另一方面有利于作物对肥水的吸收，维持较高的肥料偏生产力，提高肥料的综合利用率。

## 四、结论

研究表明，与 CK 相比，粉垄立式旋耕（FL）能够增加当季小麦、下茬玉米的籽粒产量，FL1（耕层：20 ~ 30 cm）处理的小麦当季平均增产幅度为 18.5%，FL2（耕层：30 ~ 40 cm）处理的小麦当季平均增产幅度为 23.5%，FL2>FL1，适当增加耕作层的厚度更有助于小麦产量的提高；FL1、FL2 处理的下茬玉米平均增产幅度分别为 10.4%、5.8%。

土壤养分方面，与 CK 相比，FL1、FL2 处理能够增加小麦成熟期潮土土壤速效钾含量，平均增加 74.49 mg/kg，显著降低土壤碱解氮、有效磷、有机质含量，降低玉米季土壤耕层速效养分含量。FL1、FL2 处理显著增加砂姜黑土土壤有效磷含量，平均高 2.2 mg/kg，降低土壤碱解氮、速效钾含量，分别平均降低 7.54 mg/kg、13.38 mg/kg。促进小麦、玉米对土壤养分的吸收，特别是氮的吸收；小麦季，FL1、FL2 处理的氮、磷、钾肥偏生产力均显著高于 CK，比 CK 高出 5% ~ 19%；玉米季，偏生产力比 CK 高出 3% ~ 15%。

# 第七章　施肥对作物群体微环境的影响

农田小气候是指农田中作物植株体间形成的特殊气候，对农作物的生长、发育、产量以及病虫害都有很大的影响。不同农作物、植株密度、株行距、行向、生育期以及叶面积大小等都能形成特定的小气候。研究冬小麦在相同播种量下较小行距比较大行距、种子均匀分布比非均匀分布表明群体叶面积较大，冠层下部漏光较少、温度较低，空气相对湿度较高。种群分布较均匀的行株距处理较非均匀处理能够明显降低近地面空气温度和 0 ~ 5 cm 土壤温度，增加空气相对湿度，减少了棵间蒸发；降低湍流热通量和土壤热通量，提高潜热通量，改变近地面的微气候。灌浆期，冷型小麦陕 229 比 9430 光照度偏小 0.3 ~ 6.8 lx，0 ~ 20 cm 土壤温度偏低 0.2 ~ 3.5℃（8:00 ~ 20:00 地面温度除外），株间气温偏低 0.2 ~ 1.9℃；株间水汽压和空气相对湿度分别偏高 20 ~ 170 Pa 和 1% ~ 9%。农田群体环境对分蘖成穗的影响比遗传因素更强烈，大穗型品种分蘖成穗特性对群体环境响应比中穗型、多穗型敏感；撒播和空气窄行条播可有效地增加单位面积穗数，提高挑旗和灌浆中期群体中上层的光截获率，对挑旗后群体内部 $CO_2$ 浓度有微弱的影响。秸秆覆盖在 14:00 时的土壤温度明显低于不覆盖处理，秸秆覆盖能够降低近地面空气相对湿度和提高近地面空气温度，在灌溉条件下表现尤为明显。此外，粉垄耕作对小麦灌浆期群体的冠层温度、群体内地表的温度以及群体内 $CO_2$ 浓度影响较大；拔节期，粉垄耕作的土壤耕层温度比 CK 低 1 ~ 2℃，孕穗期比 CK 高 0 ~ 0.5℃；同时，能够有效地改善小麦生育中后期田间微环境，提高抗逆能力，增加产量。施肥措施对小麦生长、发育以及养分吸收等方面影响较大。与不施肥比，氮磷钾配施能明显提高小麦籽粒蛋白质、氨基酸含量，改善小麦品质；氮磷钾配施能明显提高籽粒湿面筋和蛋白质含量，有机无机肥配施可以提高籽粒蛋白质含量，但也有相异的研究结论。国内外研究表明，氮磷钾配施或与有机肥配施，均可提高小麦产量，且氮磷钾配施增产效果显著。

施肥对玉米生长、发育以及产量均有非常显著的影响，施用有机肥和化肥对作物有极好的增产效果和持续的增产作用；长期施用有机肥与化肥可持续提高玉米产量。在土壤肥力较低情况下，氮磷配施可以显著提高夏玉米生物产量和籽粒产量；在干旱年和丰水年，氮磷配施、有机肥、化肥配施均具有较好的增产效果。氮肥单施的增产作用受水分影响较大，随着年限的增产作用下降；有机肥配施化肥则受水分影响较小，增产作用则有逐年递增趋势。在黄淮海平原，施氮磷钾肥的玉米产量最高，施氮磷肥虽获得较高产量，但是没有可持续性；在甘肃平凉，小麦－玉米轮作条件下，长期氮磷肥配施粪肥或者秸秆肥较不施肥、单施氮肥以及氮磷配施的处理相比，可持续获得较高的产量。在南方红壤上，长期施用有机肥或与化肥配施可以极大地提高玉米产量和增强肥效；氮磷钾化肥配施有机肥玉米产量显著高于不施肥或者单施无机肥的处理；氮肥单施时玉米对氮的农学效率降低，而氮磷钾配施时氮的农学效率有上升趋势。

此外，轮作条件下，长期高施氮量比低施氮量增加 8% 的作物残差覆盖度；小麦－玉米轮作，玉米施用厩肥或者秸秆还田配施氮磷钾化肥可以降低近 1/2 的轮作效应。有机肥和氮肥配施能明显增加玉米株高、茎粗和单株叶面积，降低丛枝菌（AM）真菌对玉米侵染率（MCP）、丛枝着生率（ACP）以及侵入点数（NE）等；而且随着施用量增加，玉米叶片 SPAD 值增大。化肥和秸秆配施在促进玉米生长的同时还能延缓叶片衰老，更大程度地增加穗粒数，提高千粒重和干物质积累速率；有机肥配施氮肥或氮磷钾肥配施能够促进夏玉米叶片氮代谢，增强吐丝后期穗位叶硝酸还原酶活性，增加游离氨基酸和蛋白质含量，改善叶片荧光反应；提高玉米籽实氨基酸总量及必需氨基酸含量。长期施用有机肥、氮磷钾、有机肥配施化肥明显提高微生物量磷、碱性磷酸酶活性以及玉米对磷的吸收。

以往的研究多集中在施肥对小麦、玉米的生长、发育及产量影响等方面，有关施肥对小麦、玉米群体小气候（微环境）的研究报道则较少。因此，研究不同施肥措施对小麦、玉米田间群体小气候的影响，为进一步探究施肥措施与作物群体微环境关系，改进施肥措施，提高作物群体的抗性，获得小麦高产提供借鉴，意义重大。

# 第一节　不同施肥措施对冬小麦田间群体微环境的影响

## 一、材料与方法

### 1. 试验地概况

试验地位于郑州国家潮土土壤肥力与肥料效益长期监测站（113°40′E，34°47′N），四季分明，气候类型为暖温带季风气候，年平均气温 14.4℃，>10℃积温约 5 169℃。7 月最热，平均气温 27.3℃；1 月最冷，平均气温 0.2℃；年平均降水量 645 mm，无霜期 224 d，年平均蒸发量 1 450 mm，年日照时间约 2 400 h。土壤类型为潮土。试验开始于 1990 年，试验开始时土壤样品的养分情况为：pH8.3、土壤有机质 10.1 g/kg、土壤碱解氮 76.6 mg/kg、有效磷 6.5 mg/kg、有效钾 74.5 mg/kg、土壤全氮 0.65 g/kg、土壤全磷 0.64 g/kg、土壤全钾 16.9 g/kg。

### 2. 试验设计

试验小区为完全随机排列，本研究选取其中施化肥的 5 个处理。N（单施尿素）、NP（施氮磷肥，不施钾肥）、NK（施氮钾肥，不施磷肥）、NPK（氮磷钾配施）、CK（种植，不施肥）。小区面积为（5×9）$m^2$，每个处理重复 3 次。研究选用的氮肥为尿素、磷肥为磷酸二氢钙、钾肥为硫酸钾。除不施肥（CK）处理外，各处理施氮量（或标准）相同，磷肥、钾肥作基肥一次施入，氮肥的基肥与追肥比为 6 ∶ 4，各处理施肥量见表 7–1。小麦品种为郑麦 0856，播量为 300 $kg/hm^2$，分别在 2012 年、2013 年当年的 10 月中上旬播种、翌年 6 月上旬收获。各处理的田间管理措施均一致。

表7–1　各处理施肥措施下氮、磷、钾肥料的施用量

（单位：$kg/hm^2$）

| 处 理 | 无机肥 | | |
|---|---|---|---|
| | N | $P_2O_5$ | $K_2O$ |
| CK | 0 | 0 | 0 |
| N | 165 | 0 | 0 |
| NP | 165 | 82.5 | 0 |
| NK | 165 | 0 | 82.5 |
| NPK | 165 | 82.5 | 82.5 |

### 3. 分析方法

在小麦苗期、拔节期、灌浆期、成熟期调查田间群体动态，在小麦的拔节期、灌浆期测定群体内土壤耕层（0 ~ 20 cm）温度（℃）、湿度（%）；田间群体的冠层温度（℃）、群体内地表温度（℃）；群体内二氧化碳（$CO_2$）浓度、群体内相对湿度（%）、群体内温度（℃）以及最上部完全展开叶片 SPAD 值等指标，成熟期各处理实收 4m$^2$ 测产。

土壤温度、湿度用温度计、湿度计直接测定，冠层和群体内地表温度用红外线测温仪测定，群体内 $CO_2$ 浓度、空气相对湿度、温度用 $CO_2$Meter 测定，叶片 SPAD 值用 SPAD 计测定，群体动态在田间固定 1 m 双行进行测定。

### 4. 数据处理

试验数据用 Excel、DPS 等软件进行整理分析，用 LSD 法进行显著性分析，$P \leqslant 0.05$、$P \leqslant 0.01$ 表示显著、极显著差异水平。

## 二、结果与分析

### 1. 不同施肥措施下群体动态的变化

小麦苗期，各处理的田间群体数差别不大，NK、NP 处理略低，但是各处理间差异不显著（图 7-1）。拔节期，CK、N、NK 处理的群体明显较小，分别为 290.83 万茎 /hm$^2$、298.80 万茎 /hm$^2$、314.03 万茎 /hm$^2$，显著或极显著低于 NP（1 360.57 万茎 /hm$^2$）、NPK（1 207.54 万茎 /hm$^2$）处理。灌浆期，不同处理的群体差异进一步增大，N、NK 处理的群体穗数分别为 458.36 万茎 /hm$^2$、507.68 万茎 /hm$^2$，显著或极显著低于 NP（883.35 万茎 /hm$^2$）、NPK（838.39 万茎 /hm$^2$）处理。成熟期与灌浆期类似，N、NK 处理的群体显著或极显著低于其他处理，分别为 425.00 万茎 /hm$^2$、516.38 万茎 /hm$^2$；NP、NPK 处理的相对较高，分别为 771.67 万茎 /hm$^2$、797.78 万茎 /hm$^2$。

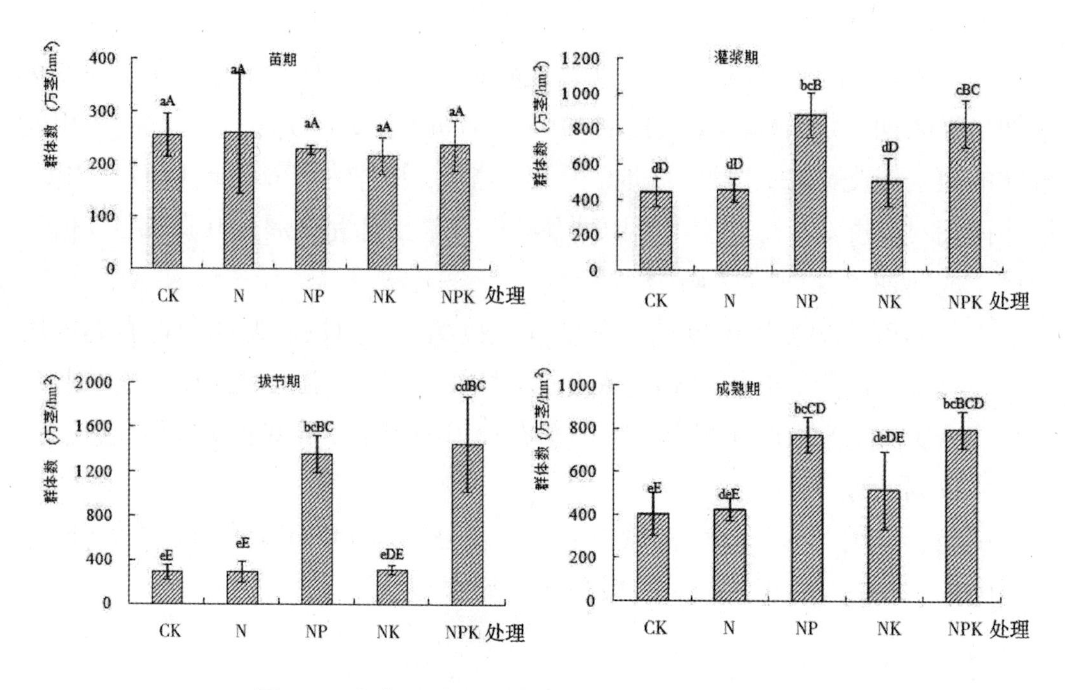


**图7–1　小麦不同生育期时期田间群体动态的变化**

注：图中不同处理间小、大写字母分别表示 $P \leqslant 0.05$、$P \leqslant 0.01$ 差异水平。

## 2. 不同施肥措施下群体内环境的变化

由表 7–2 可以看出，2013 年小麦灌浆期，N 处理的群体冠层温度较高，为 30.41℃，其中 CK、NPK 处理的较低，分别为 27.76℃、27.52℃，显著低于 N 处理。2014 年小麦灌浆期，CK、N、NK 处理的群体冠层温度稍高，分别达到 28.73℃、27.29℃、27.76℃，均显著或极显著高于其他处理；NP、NPK 处理的群体冠层温度稍低，分别为 24.04、25.20℃。

地面温度的变化，2013 年小麦拔节期，CK、N、NK 处理的群体地面温度分别为 33.55℃、32.53℃、37.56℃，显著或极显著高于 NP（21.37℃）、NPK（21.81℃）处理，平均低 1 ~ 6℃。灌浆期群体地面温度与拔节期相近，CK、N、NK 处理的群体地面温度显著或极显著高于其他处理，分别为 34.47℃、33.13℃、31.89℃，NP、NPK 处理的群体地面温度较低，分别为 25.29℃、25.83℃。2014 年小麦拔节期，CK、NK 处理群体地面的温度稍高，分别为 19.34℃、22.51℃，而 N、NP、NPK 处理的群体地面温度稍低，分别为 16.54℃、16.52℃、16.21℃。小麦灌浆期，CK、N、NK 处理群体内地面温度较高，分别达到 31.67℃、31.03℃、29.61℃，NP、NPK 处理的较低，分别为 24.56℃、23.84℃。

表7-2　不同施肥措施下小麦不同生育期田间冠层、地表温度的变化

（单位：℃）

| 处 理 | 冠层温度 | | 地面温度 | | | |
|---|---|---|---|---|---|---|
| | 2013 年 | 2014 年 | 2013 年 | | 2014 年 | |
| | 灌浆期 | 灌浆期 | 拔节期 | 灌浆期 | 拔节期 | 灌浆期 |
| CK | 27.76cdA | 28.73aA | 33.55bAB | 34.47aA | 19.34abAB | 31.67aA |
| N | 30.41aA | 27.29abABC | 32.53bB | 33.13aAB | 18.78bAB | 31.03aA |
| NP | 28.76abcdA | 24.04dD | 21.37cC | 25.29cdD | 16.52bcB | 24.56defDE |
| NK | 28.30abcdA | 27.76abAB | 37.56aA | 31.89abAB | 22.51aA | 29.61abAB |
| NPK | 27.52dA | 25.20cdCD | 21.81cC | 25.83cdD | 16.21bcB | 23.84efgDE |

注：表中小、大写字母分别表示 $P \leqslant 0.05$、$P \leqslant 0.01$ 差异水平。

不同施肥措施下，小麦最上部展开叶的叶绿素含量（SPAD 值）存在差异（表 7-3）。2013 年小麦拔节期，施肥处理叶片 SPAD 值均高于 CK（36.10），N、NP、NK、NPK 处理的叶片 SPAD 值分别为 42.83、53.82、41.95、53.87，其中 N、NK 处理在施肥处理中相对较低。灌浆期，N、NP、NK、NPK 处理旗叶的 SPAD 值低于 CK（45.96），分别为 28.92、33.47、44.27、32.46。2014 年小麦拔节期，施肥处理最上部展开叶 SPAD 值均显著或极显著高于 CK（36.32），N、NP、NK、NPK 处理的叶片 SPAD 值分别为 40.26、51.38、40.99、49.95。灌浆期，CK 处理的旗叶 SPAD 值为 33.49，其他处理的 SPAD 值则高于 CK，N、NP、NK、NPK 处理的叶片 SPAD 值分别为 42.81、44.03、40.82、43.64，其中 NP、NPK 处理显著或极显著高于 CK。

表7-3　不同施肥措施下小麦上部展开叶片SPAD值的变化

| 处理 | 2013 年 | | 2014 年 | |
|---|---|---|---|---|
| | 拔节期 | 灌浆期 | 拔节期 | 灌浆期 |
| CK | 36.10fE | 45.96abcA | 36.32eE | 33.49bcBC |
| N | 42.83eCD | 28.92cA | 40.26dDE | 42.81abAB |
| NP | 53.82abcAB | 33.47bcA | 51.38aA | 44.03aAB |
| NK | 41.95eD | 44.27abcA | 40.99dDE | 40.28abABC |
| NPK | 53.87abcAB | 32.46bcA | 49.95abAB | 43.64aAB |

注：表中小、大字母分别表示 $P \leqslant 0.05$、$P \leqslant 0.01$ 差异水平。

群体内环境的 $CO_2$ 浓度则与群体数关系密切，由图 7-2 可以看出，2013 年小麦拔节期，NK 处理的群体内 $CO_2$ 浓度明显高于 CK（653.78 mg/m$^3$），为 754.44 mg/m$^3$，N、NP、NPK 处理的群体内 $CO_2$ 浓度分别为 662.18 mg/m$^3$、658.17 mg/m$^3$、647.22 mg/m$^3$，所有处理的群体内 $CO_2$ 浓度均未达到显著水平。灌浆期，NP 处理的群体内 $CO_2$ 浓度稍高于 CK（700.67 mg/m$^3$），为 703.33 mg/m$^3$，其他处理的群体内 $CO_2$ 浓度则低于 CK，所有处理内差异未达到显著水平。2014 年小麦拔节期，N、NK、NP、NPK 处理的群体内 $CO_2$ 浓度均与 CK（375.00 mg/m$^3$）持平或略高，分别为 377.00 mg/m$^3$、377.67 mg/m$^3$、398.50 mg/m$^3$、375.83 mg/m$^3$。灌浆期，除 N（359.20 mg/m$^3$）处理外，NK、NP、NPK 处理的群体内 $CO_2$ 浓度均与 CK（360.00 mg/m$^3$）持平或略高，分别为 386.08 mg/m$^3$、363.58 mg/m$^3$、378.42 mg/m$^3$，其中 NK 处理的 $CO_2$ 浓度显著或极显著高于 CK、N、NP、NPK 处理。

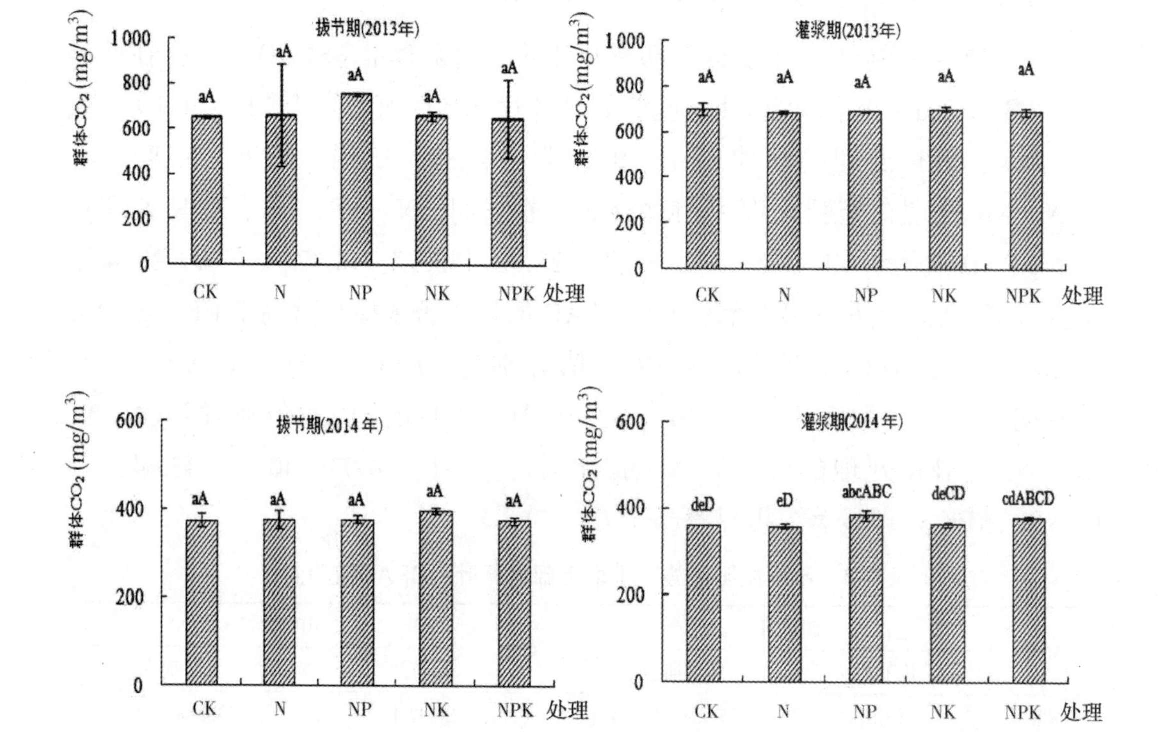


**图7-2 不同施肥措施下小麦群体内 $CO_2$ 浓度的变化**

注：图中小、大写字母分别表示 $P \leqslant 0.05$、$P \leqslant 0.01$ 差异水平。

2013 年小麦拔节期，NK 处理的群体内空气相对湿度（%）高于 CK（37.60），为 37.62，而 N、NP、NPK 处理的群体内空气相对湿度（%）低于 CK，分别为 37.01、36.46、34.55。灌浆期，CK、NPK 处理的群体内空气相对湿度（%）稍低，分别为 35.94、35.72；N、NK、NP 处理的群体内空气相对湿度（%）稍高，分别为 36.02、36.75、36.32，处理间未达到显著水平。2014 年小麦拔节期，CK、NPK 处理的群体内空气相对湿度（%）较高，分别为 63.71、63.80，其他处理的群体内空气相对湿度（%）较低，所有处理间未达到差异水平。灌浆期，CK（50.84）处理的群体内空气相对湿度（%）最高，而 N、NK、NP、NPK 处理的空气相对湿度（%）分别为 49.98、49.10、49.10、50.45（图 7–3）。

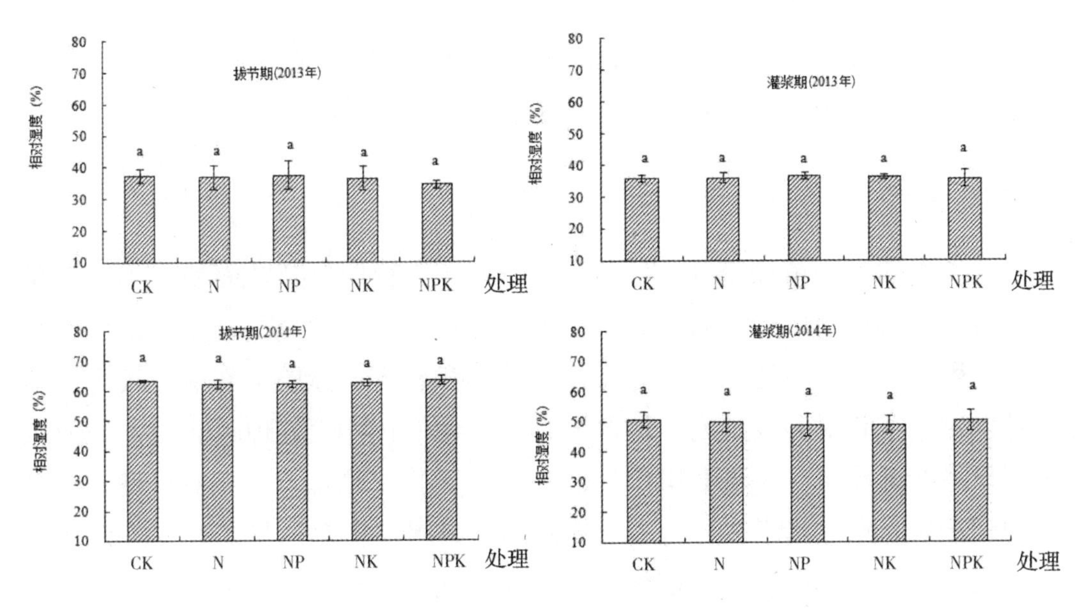


图7–3　不同施肥措施下小麦群体内空气相对湿度的变化

注：图中小、大字母分别表示 $P \leqslant 0.05$、$P \leqslant 0.01$ 差异水平。

### 3. 不同施肥措施下小麦籽粒产量的变化

由图 7–4 可以看出，2013 年，CK、N、NK 处理的产量较低，分别为 1 301.25 kg/hm$^2$、1 019.01kg/hm$^2$、1 110.52 kg/hm$^2$；NP、NPK 处理的籽粒产量较高，分别为 5 152.70 kg/hm$^2$、4 658.94kg/hm$^2$，均显著或极显著高于 CK、N、NK 处理。2014 年，NP、NPK 处理的籽粒产量较高，分别为 5 205.56 kg/hm$^2$、5 234.71 kg/hm$^2$，均显著或极显著高于 CK 处理（1 184.79 kg/hm$^2$）、N 处理（1 306.33 kg/hm$^2$）、NK 处理（1 511.87 kg/hm$^2$）。

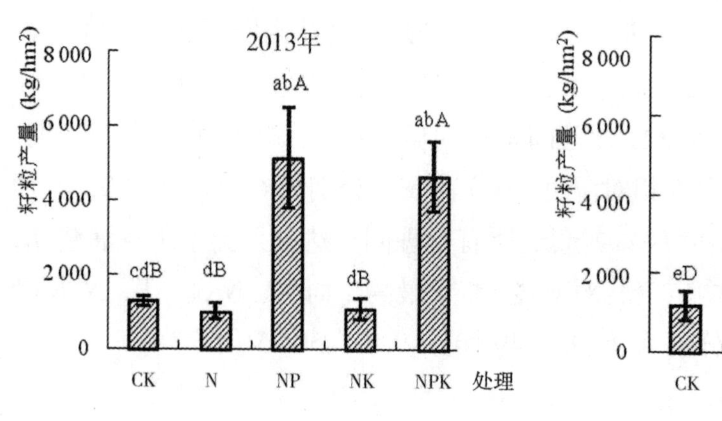


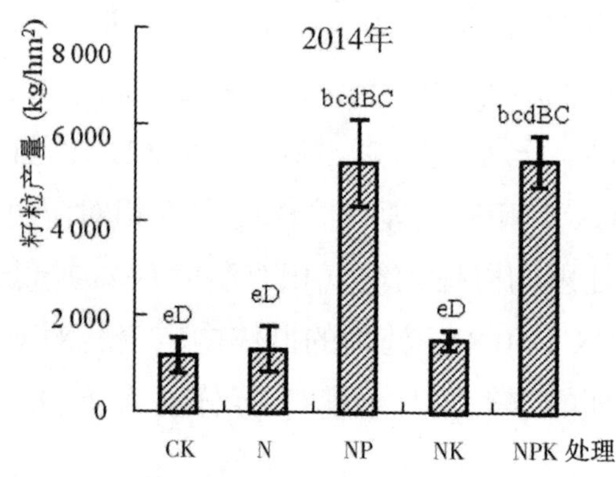


**图7–4　不同施肥措施下小麦籽粒产量的变化**

注：图中小、大字母分别表示 $P \leqslant 0.05$、$P \leqslant 0.01$ 差异水平。

## 三、讨论

农作物的不同植株密度、株行距、行向、生育期以及叶面积大小等都能形成特定的群体小气候。研究表明，冬小麦在相同播种量下较小行距比较大行距、种子均匀分布比非均匀分布群体叶面积较大，冠层下部漏光较少，温度较低，空气相对湿度较高。种群分布较均匀的行株距处理较非均匀处理能够明显降低近地面空气温度和 0 ～ 5 cm 土壤温度，增加空气相对湿度，减少了棵间蒸发；降低湍流热通量和土壤热通量，提高潜热通量，改变近地面的微气候。此外，不同的耕作措施对小麦灌浆期群体的灌层温度、内地表温度以及群体 $CO_2$ 浓度均有一定的影响。本研究发现改变施肥措施也可以改变田间小气候，CK、N、NK 处理群体冠层、地面温度高，而 NP、NPK 处理群体冠层、地面温度低。这是由于 NP、NPK 处理群体数也较高，叶片的 SPAD 值和群体穗数表明小麦灌浆期群体总光合作用、蒸腾作用自然也较强，通过植株上部、下部叶片进行蒸腾散失的水分较多，相对吸热降温速度快以及冠层下部漏光较少等原因造成。

此外，农田群体环境对小麦分蘖成穗的影响比遗传因素更强烈，大穗型品种分蘖成穗特性对群体环境响应较中穗型、多穗型品种敏感；撒播和窄行条播可有效地增加单位面积穗数，提高挑旗和灌浆中期群体中上层的光截获率，对挑旗后群体内部 $CO_2$ 浓度有微弱的影响。本研究发现，小麦拔节期、灌浆期，施肥处理群体内 $CO_2$ 浓度均与 CK 持平或略高，2014 年小麦拔节期，CK 处理的群体内 $CO_2$ 浓度为 375.00 mg/m$^3$，施肥处理的群体内 $CO_2$ 浓度均与

CK 持平或略高。灌浆期，CK 处理的群体内 $CO_2$ 浓度为 360.00 mg/m$^3$，N 处理除外，施肥处理群体内 $CO_2$ 浓度均与 CK 持平或略高，其中 NK 处理显著或极显著高于 CK，为 386.08 mg/m$^3$。这说明在作物群体外围二氧化碳浓度一致的情况下，若群体内二氧化碳浓度偏高则反映出由于施肥措施的不同而导致了不同处理群体内 $CO_2$ 浓度出现差异。

不同施肥措施下，小麦的群体穗数在灌浆期、成熟期差异最大，N（425.00 万茎 /hm$^2$）、NK（516.38 万茎 /hm$^2$）处理的群体显著或极显著低于 NP（771.67 万茎 /hm$^2$）、NPK（797.78 万茎 /hm$^2$）处理。最终的籽粒产量上也表现在 CK、N、NK 处理的产量较低且显著或极显著低于 NP、NPK 处理，这与以往有关研究结论相一致，说明本研究的年份是正常年份，研究结论具有一定代表性。

### 四、结论

本研究得出，群体数受施肥影响随生育期延长而逐渐增大，成熟期达到最大。施肥对叶片叶绿素含量（SPAD 值）影响明显，氮肥单施时（CK、N、NK）群体 SPAD 值较低，配施（NP、NPK）时群体叶片 SPAD 值较高，平均高 4% ~ 20%。施肥对群体内空气相对湿度、$CO_2$ 浓度的影响没有表现出一定的规律性；对群体温度的影响较大，小麦拔节期、灌浆期，缺素或氮肥单施时（CK、N、NK）群体冠层温度、群体内地面温度偏高，配施（NP、NPK）时群体冠层温度、群体内地面温度较低，平均要低 0.5 ~ 8℃。

## 第二节　不同施肥措施对夏玉米田间群体微环境的影响

### 一、材料与方法

**1. 试验地概况**

试验地位于郑州国家潮土土壤肥力与肥料效益长期监测站（113°40′E，34°47′N），气候类型为暖温带季风气候，年平均气温 14.4℃，> 10℃积温约 5 169℃，年平均降水量 645 mm，无霜期 224 d，年日照时间约 2 400 h，土壤类型为潮土。试验开始于 1990 年，试验开始时土壤样品的养分情况为：pH8.3、土壤有机质 10.1 g/kg、土壤碱解氮 76.6 mg/kg、有效磷 6.5 mg/kg、有效钾 74.5 mg/kg、土壤全氮 0.65 g/kg、土壤全磷 0.64 g/kg、土壤全钾 16.9 g/kg。通过多年定位施肥，土壤养分在不同施肥措施下逐渐分化趋于稳定。

**2. 试验设计**

试验小区为完全随机排列，本研究选取其中的 8 个处理，分别为：N2（单施尿素）、N2P（施氮磷肥，不施钾肥）、N2K（施氮钾肥，不施磷肥）、N1PK（低量氮肥和磷钾肥）、N2PK（平衡施肥）、N3PK、N4PK（高量氮肥和磷钾肥）、CK（种植，不施肥）。小区面积为（5×9）$m^2$，每个处理重复 3 次。施肥选用的氮肥为尿素，磷肥为磷酸二氢钙，钾肥为硫酸钾。磷肥、钾肥作基肥一次施入，氮肥的基肥与追肥比为 6 ∶ 4，各处理施肥量见表 7–4。玉米品种为浚单 20，等行距种植，行距 60 cm，株距 19 cm，密度为 6.75 万株 /$hm^2$。分别在 2013 年、2014 年当年 6 月上旬播种，至当年的 9 月中下旬收获。其他田间管理措施各处理均一致。

**表7–4　各处理氮、磷、钾肥料的施用量**

（单位：kg/$hm^2$）

| 处　理 | 无机肥 | | |
|---|---|---|---|
| | N | $P_2O_5$ | $K_2O$ |
| CK | 0 | 0 | 0 |
| N2 | 187.5 | 0 | 0 |
| N2P | 187.5 | 94 | 0 |
| N2K | 187.5 | 0 | 94 |
| N1PK | 141 | 94 | 94 |
| N2PK | 187.5 | 94 | 94 |
| N3PK | 243.75 | 94 | 94 |
| N4PK | 281.25 | 94 | 94 |

注：表中小、大字母分别表示 $P \leq 0.05$、$P \leq 0.01$ 差异水平。

**3. 分析方法**

在玉米喇叭口期（2013–07–25、2014–07–22）、灌浆期（2013–08–24、2014–08–20）测定田间群体冠层温度、群体内地表温度、群体内 $CO_2$ 浓度、空气相对湿度、空气温度以及最上部展开叶 SPAD 值等指标，成熟期各处理实收测产。

玉米群体冠层和群体内地表温度用红外线测温仪测定，群体内 $CO_2$、空气相对湿度、温度用 $CO_2$Meter 计测定，叶片叶绿素用 SPAD 计测定。

**4. 数据处理**

文中数据用 Excel、DPS 等软件进行整理分析，用 LSD 法进行显著性分析，

用 LSD 法进行显著性分析，$P \leqslant 0.05$、$P \leqslant 0.01$ 表示显著、极显著差异水平。

## 二、结果与分析

### 1. 不同施肥措施对玉米产量的影响

由图 7–5 可以看出，CK、N2、N2P、N2K 处理的玉米籽粒产量较低，2013 年为 2 074.2 kg/hm$^2$、2 371.0 kg/hm$^2$、6 613.7 kg/hm$^2$、4 056.3 kg/hm$^2$，2014 年为 1 628.0 kg/hm$^2$、1 892.5 kg/hm$^2$、3 278.6 kg/hm$^2$、2 991.2 kg/hm$^2$。N1PK、N2PK、N3PK、N4PK 处理的玉米籽粒产量较高，显著或极显著高于不施肥或缺素施肥处理；2013 年为 7 736.2 kg/hm$^2$、9 369.2 kg/hm$^2$、8 466.5 kg/hm$^2$、9 487.0 kg/hm$^2$，2014 年 为 6 464.20 kg/hm$^2$、6 613.97 kg/hm$^2$、8 599.50 kg/hm$^2$、8 070.79 kg/hm$^2$。

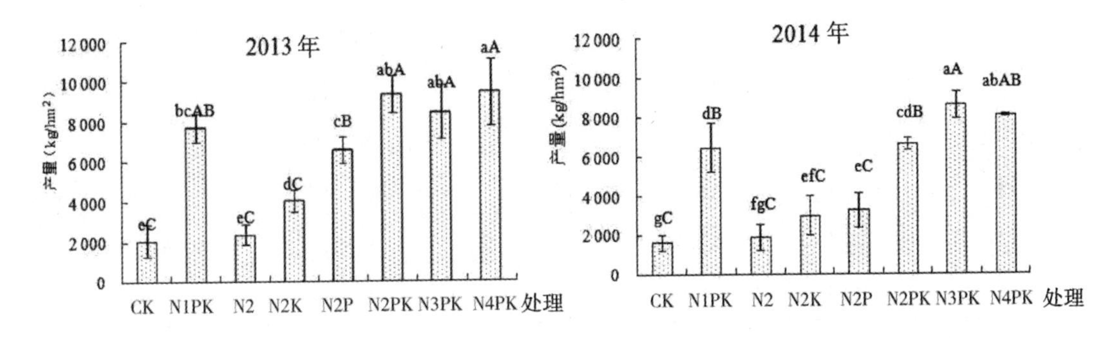


图7–5 不同施肥措施下玉米籽粒产量的比较

注：图中小、大写字母分别表示 $P \leqslant 0.05$、$P \leqslant 0.01$ 差异水平。

### 2. 不同施肥措施对玉米叶片叶绿素含量的影响

不同施肥措施对玉米叶绿素含量的影响，由表 7–5 可以看出，2013 年，玉米喇叭口期上部展开叶叶绿素含量（SPAD 值），CK 处理最低，SPAD 值为 26.36，极显著低于其他处理；N1PK（35.39）、N2（36.17）、N2K（36.57）稍高，但是显著或极显著低于 N2P（45.86）、N2PK（41.43）、N3PK（45.29）、N4PK（44.30）处理。灌浆期，穗位叶 SPAD 值，CK（28.76）处理的最小，显著低于其他处理；N1PK（49.24）、N2（41.45）、N2K（42.48）处理高于 CK，但是均极显著低于 N2P（55.12）、N2PK（55.06）、N3PK（55.24）、N4PK（55.10）处理。

2014 年与 2013 年趋势接近，玉米喇叭口期上部展开叶叶绿素（SPAD 值）含量，CK（31.38）、N2（34.24）、N2K（30.51）处理较低；N2P、N2PK、N4PK、N3PK 处理较高，SPAD 值分别为 44.52、46.72、46.88、49.04；CK、

N1PK、N2、N2K处理极显著高于其他处理，而N2P、N2PK、N4PK、N3PK处理间差异不显著。玉米灌浆期，N2P、N2PK、N4PK、N3PK处理的穗位叶叶绿素含量较高，SPAD值分别为53.95、53.71、55.08、49.49；而CK（30.95）、N2（47.06）、N1PK（45.41）、N2K（45.19）处理的SPAD值较小，其中CK处理极显著低于施肥处理，N2、N1PK、N2K处理显著或极显著低于N2P、N2PK、N4PK处理。

表7-5 玉米喇叭口期（上部展开叶）、灌浆期（穗位叶）叶片SPAD值比较

| 处理 | 2013年 | | 2014年 | |
|---|---|---|---|---|
| | 喇叭口期 | 灌浆期 | 喇叭口期 | 灌浆期 |
| CK | 26.36dD | 28.76dD | 31.38dD | 30.95fE |
| N1PK | 35.39cC | 49.24bB | 38.92cBC | 45.41deCD |
| N2 | 36.17cBC | 41.45cC | 34.24cdCD | 47.06cdeBCD |
| N2K | 36.57cBC | 42.48cC | 30.51dD | 45.19eD |
| N2P | 45.86aA | 55.12aA | 44.52bAB | 53.95aA |
| N2PK | 41.43bAB | 55.06aA | 46.72abA | 53.71abA |
| N3PK | 45.29abA | 55.24aA | 49.04abA | 49.49bcdABCD |
| N4PK | 44.30abA | 55.10aA | 46.88abA | 55.08aA |

注：表中小、大写字母分别表示$P \leq 0.05$、$P \leq 0.01$差异水平。

### 3. 不同施肥措施对玉米群体内地面温度的影响

不同施肥措施对玉米群体内地面温度的影响，由表7-6可以看出，2013年玉米喇叭口期，CK（34.09℃）、N2（34.13℃）处理地面温度较高，极显著高于其他处理，N2K（32.62℃）、N2P（32.43℃）处理次之，显著或极显著高于N2PK（31.37℃）、N3PK（31.13℃）、N4PK（31.32℃）处理。灌浆期则延续这一趋势，CK（36.04℃）处理地面温度最高，显著或极显著高于其他处理（N2除外）；N2、N2K、N2P次之，N2、N2K、N2P处理显著或极显著高于N3PK、N4PK处理，其他处理地面温度则相对较低。

2014年与2013年趋势接近，在玉米喇叭口期，CK、N2、N2P、N2PK处理群体地面温度较高，温度在41 ~ 49℃，N1PK（39.89℃）、N4PK（39.74℃）、N2K（39.81℃）、N3PK（36.74℃）地面温度稍低，温度在36 ~ 40℃，比其他处理低1 ~ 12℃；CK、N2处理显著或极显著高于N1PK、N2K、N2PK、N3PK、N4PK处理。玉米灌浆期，CK、N2处理显著或极显著高于N1PK、

N2PK、N3PK、N4PK 处理。

表7-6　不同施肥措施对玉米喇叭口期、灌浆期群体内地面温度的影响

（单位：℃）

| 处理 | 2013 年 | | 2014 年 | |
|---|---|---|---|---|
| | 喇叭口期 | 灌浆期 | 喇叭口期 | 灌浆期 |
| CK | 34.09aA | 36.04aA | 47.79abAB | 30.71aAB |
| N1PK | 31.87bcdBCD | 33.66cdCDE | 39.89cdBC | 29.71bcABCD |
| N2 | 34.13aA | 35.07abAB | 48.47aA | 30.88aA |
| N2K | 32.62bB | 34.19bcBCD | 39.81cdC | 30.04abABC |
| N2P | 32.43bcBC | 34.89bABC | 41.96bcdABC | 29.93abcABC |
| N2PK | 31.37dBCD | 33.57cdeCDE | 41.07cdABC | 29.58bcABCD |
| N3PK | 31.13dD | 32.77deE | 36.74dC | 28.57dD |
| N4PK | 31.32dCD | 33.18deDE | 39.74cdC | 29.04cdCD |

注：表中同一时期不同处理间小、大写字母分别表示 $P \leq 0.05$、$P \leq 0.01$ 差异水平。

## 4. 不同施肥措施对玉米群体冠层温度的影响

不同施肥措施对玉米群体冠层温度的影响，由表 7-7 可以看出，2013 年，玉米喇叭口期，CK、N1PK、N2、N2K 处理的冠层温度稍高，N2P、N2PK、N4PK、N3PK 施肥处理的冠层温度略低，冠层高温区的处理比低温区的处理低 0.5 ~ 2℃。灌浆期，N1PK、N2、N2K、N2P、N2PK、N3PK、N4PK 处理的冠层温度均低于 CK（34.53℃），其中 N3PK（32.31℃）、N4PK（33.19℃）显著或极显著低于 CK，温度差分别为 2.22℃、1.34℃。

表7-7　不同施肥措施对玉米喇叭口期、灌浆期群体冠层温度的影响

（单位：℃）

| 处理 | 2013 年 | | 2014 年 | |
|---|---|---|---|---|
| | 喇叭口期 | 灌浆期 | 喇叭口期 | 灌浆期 |
| CK | 33.78aA | 34.53aA | 37.18abcAB | 29.98aA |
| N1PK | 33.11abcAB | 33.40abcdABC | 36.26abcdAB | 29.62aA |
| N2 | 33.49abAB | 33.06abAB | 38.90aA | 29.78aA |
| N2K | 33.47abAB | 33.67abcABC | 37.35abAB | 29.94aA |
| N2P | 32.86abcAB | 33.28abcdABC | 35.81abcdAB | 29.78aA |
| N2PK | 32.80abcAB | 33.38abcdABC | 36.16abcdAB | 29.78aA |
| N3PK | 32.44bcAB | 32.31dC | 33.33cdB | 30.13aA |
| N4PK | 32.97abcAB | 33.19bcdABC | 33.92bcdAB | 29.67aA |

注：表中同一时期不同处理间小、大写字母分别表示 $P \leq 0.05$、$P \leq 0.01$ 差异水平。

2014 年，玉米喇叭口期，CK、N2、N2K、N1PK、N2P、N2PK 处理的冠层温度较高，均超过 35℃，其中 N2（38.90℃）最高；N4PK（33.92℃）、N3PK（33.33℃）处理的温度较低，显著或极显著低于 N2 处理。灌浆期，各处理间冠层的温度差异较小。

**5. 不同施肥措施对玉米群体内 $CO_2$、相对湿度的影响**

作物群体内 $CO_2$ 浓度处于动态平衡之中，受大气 $CO_2$ 浓度、土壤 $CO_2$ 释放量的影响较大，喇叭口期，各处理的群体内 $CO_2$ 浓度在处理间差异不大。灌浆期则有一定差异，群体内 $CO_2$ 浓度以 N3PK（368.75 mg/$m^3$）处理最高，显著高于 CK（348.75 mg/$m^3$）、N2（352.33 mg/$m^3$）处理（图 7–6），分别高出 20.00 mg/$m^3$、16.42 mg/$m^3$。玉米群体内相对湿度（%）方面，2013 年、2014 年，玉米喇叭口期、灌浆期所有处理间差异不显著（图 7–7）。

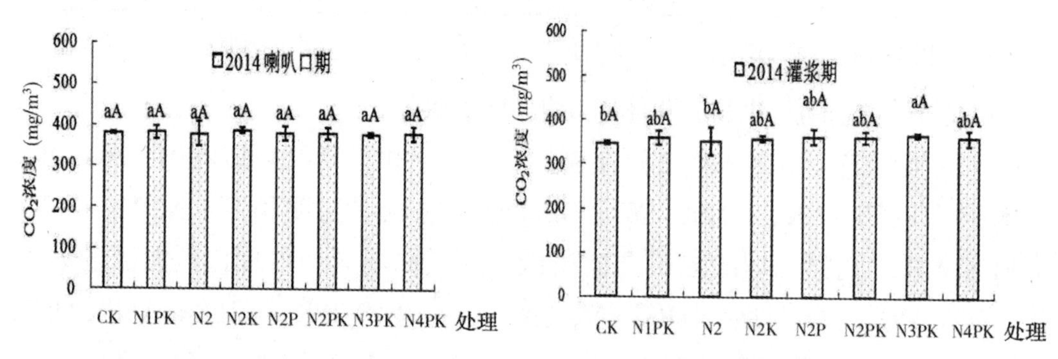


图7–6　玉米喇叭口期、灌浆期田间 $CO_2$ 含量的测定

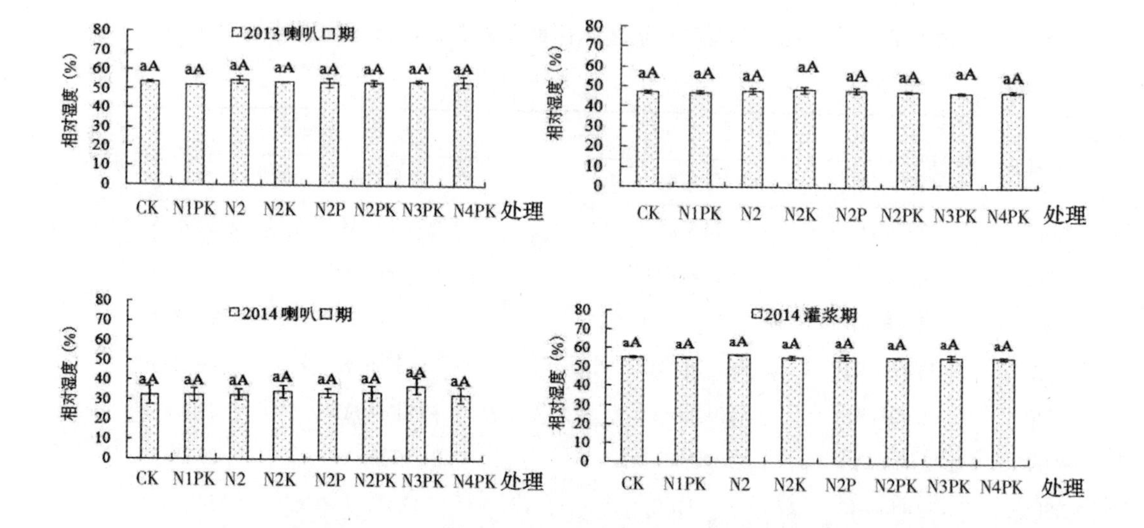


图7–7　玉米喇叭口期、灌浆期田间相对湿度的测定

## 三、结论

本研究中，不施肥或缺素施肥（CK、N2、N2P、N2K）处理的玉米籽粒产量较低，而氮磷钾配施（N1PK、N2PK、N3PK、N4PK）处理的玉米籽粒产量较高，这与以往的研究结论相一致，说明本研究选取的试验材料是正确的。在群体内地面温度方面，玉米喇叭口期，2013 年，CK、N2 处理地面温度较高，极显著高于其他处理。2014 年，CK、N2、N2P 处理群体地面温度较高，N4PK、N3PK 地面温度稍低，比其他处理低 1 ~ 12℃。同样，群体冠层温度的调控上也较为明显，2013 年，N2P、N2PK、N4PK、N3PK 施肥处理的冠层温度略低，比 CK、N1PK、N2、N2K 处理的冠层温度要低 0.5 ~ 2℃。2014 年，CK、N2、N2K 处理的冠层温度较高，N1PK、N2P、N2PK、N4PK、N3PK 处理的温度较低，其中 N3PK、N4PK 处理显著或极显著低于 N2 处理。这说明，在其他管理措施一致，改变施肥措施可以有效地增强玉米群体对微环境的调控能力。而温度因子的改善很大程度受玉米光合作用、蒸腾作用以及群体叶面积等的影响较大，而这些又反映在叶片叶绿素含量上。本研究中，N2PK、N3PK、N4PK 处理的叶绿素含量高于 CK、N2、N2K、N2P 处理，叶片 SPAD 值要高 6% ~ 30%，这正好说明氮磷钾肥配施能够提高玉米的光合、蒸腾等功能，促进夏玉米叶片的代谢，改善叶片荧光反应，进而调控微环境中的温度因子。氮磷钾肥配合施用取得较高的产量，说明玉米群体对不良环境因子的防御能力较强。

## 四、结论

研究初步得出，不施肥或缺素施肥（CK、N2、N2K、N2P）措施对玉米喇叭口期、灌浆期的群体内地面温度改变较少，温度较高，氮磷钾肥配施（N1PK、N2PK、N3PK、N4PK）措施对群体内地面温度改变较大，温度较低，二者温度相差 0.2 ~ 12℃，差异达到显著或极显著水平。不施肥或缺素施肥（CK、N2、N2K）施肥处理对玉米喇叭口期的群体冠层温度影响较小，温度较高，氮磷钾肥配施（N2PK、N3PK、N4PK）施肥措施的群体冠层温度较低，二者温度相差 0.2 ~ 7℃。施肥措施对灌浆期群体 $CO_2$ 浓度的影响较大，群体 $CO_2$ 浓度以 N3PK（368.75 mg/m$^3$）处理最高，显著高于 CK（348.75 mg/m$^3$）、N2（352.33 mg/m$^3$）处理，分别高出 20.00 mg/m$^3$、16.42 mg/m$^3$。此外，施肥措施对玉米群体内相对湿度影响较小。通过合理施肥可以改善田间群体微环境，提高玉米的抗逆能力，获得较高的产量。

# 第八章　粉垄立式旋耕技术对作物群体微环境的影响

## 第一节　粉垄立式旋耕技术对潮土冬小麦田间群体微环境的影响

小麦是我国重要的粮食作物，在稳定粮食产量、增加食物供给以及保障粮食安全等方面占有重要的地位。粉垄立式旋耕技术不仅能够显著提高水稻、马铃薯、甘蔗、玉米、花生等作物产量，而且还能够改善水稻、甘蔗等产品品质。同时，改变耕作方式还可以改变土壤和作物的部分功能，与旋耕相比，深松以及深松和旋耕结合的耕作方式能够明显增加 60 ~ 200 cm 土层的土壤含水量，有利于小麦旗叶在灌浆后期保持较高的生理活性，增加籽粒产量；深松覆盖的小麦叶片光化学猝灭系数、非光化学猝灭系数和光化学效率值较旋耕耕作高，光抑制程度较小，更有利于提高水分利用效率和增加产量；此外，深松覆盖耕作技术能提高土壤养分含量，增加土壤饱和导水率，减缓地表温度的日变化幅度，提高土壤对降水的利用率。这说明改变耕作方式能够改变土壤的环境和功能（土壤含水量、温度等），同时影响地上部作物的生长和功能（旗叶生理活性和增加产量等）。作物群体微环境与作物自身的抗性密切相关，通过耕作方式的改变，调节和改善作物生长的土壤环境，进而影响地上部的生长，增强地上部群体抵御外界不良因子的能力，提高作物对环境的适应性。研究粉垄立式旋耕耕作对小麦群体微环境的影响，为进一步研究耕作措施与作物群体微环境关系，获得小麦高产提供理论依据。

### 一、材料与方法

**1. 试验地概况**

试验地位于河南省焦作市温县黄庄镇（34°52′N，112°51′E），四季分明，属暖温带大陆性季风气候，光照充足，年平均气温 14 ~ 15℃，年积温 4 500℃以上，年日照 2 484 h，年降水量 550 ~ 700 mm，无霜期 210 d。土壤类型为潮土，偏碱性，土地肥沃，试验地基础土样有机质、全氮、速效钾、速效磷含量分别为 12.5 g/kg、0.88 g/kg、325.6 mg/kg、23.8 mg/kg。

**2. 试验设计**

试验采用单因素完全随机设计，设置 3 个处理，各处理为：①粉垄 1( FL1 )。直接用粉垄机械深旋耕作业 1 遍，粉垄深度为 20 ~ 30 cm，然后用旋耕机轻度（入土 2 ~ 3 cm）旋耕平整 1 遍，施肥，播种。②粉垄 2（FL2）。用粉垄机械深旋耕作业 1 遍，粉垄深度为 30 ~ 40 cm，然后用旋耕机轻度（入土 2 ~ 3 cm）旋耕平整 1 遍，施肥，播种。③旋耕作为对照（CK）。用旋耕机旋耕 2 遍（入土 12 ~ 16 cm），施肥，播种。种植制度为小麦、玉米一年两熟轮作。每个小区占地 0.2 $hm^2$，重复 3 次，共计 9 个小区。除耕作方式不同外，其他试验条件，如品种、施肥、灌溉、除草等均保持一致。试验选用的小麦品种为理生 828（省审理生 828），于 2013 年 10 月 16 日播种，播量 195 $kg/hm^2$。施肥：尿素 225 $kg/hm^2$、磷酸二铵 375 $kg/hm^2$、氯化钾 150 $kg/hm^2$。追肥本着“前氮后移”的原则，拔节到孕穗阶段施尿素 150 $kg/hm^2$。

**3. 测定项目及分析方法**

在小麦的拔节期、孕穗期、灌浆期测定土壤耕层温度、湿度；田间群体的冠层温度、群体内地表温度；群体内 $CO_2$ 浓度、空气相对湿度、空气温度；成熟期各处理实收测产。土壤温度、湿度用 Aquameterr 计直接测定，冠层和群体内地表温度用红外线测温仪测定，群体内 $CO_2$、湿度、温度用 $CO_2$Meter 计测定。

**4. 数据处理**

文中数据用 Excel、DPS 等软件进行整理分析，用 LSD 法进行显著性分析，$P \leqslant 0.05$ 表示显著性差异水平。

## 二、结果与分析

**1. 粉垄立式旋耕耕作对冬小麦群体冠层温度和土壤耕层温度及湿度的影响**

粉垄立式旋耕耕作对冬小麦孕穗期、灌浆期群体冠层的温度的影响，由图 8-1 可以看出，FL1、FL2、CK 处理孕穗期的冠层温度分别为 19.93℃、20.45℃、20.18℃，灌浆期的冠层温度分别为 31.72℃、32.15℃、32.72℃。灌浆期，FL1、FL2 处理的冠层温度比 CK 略低，粉垄立式旋耕处理间的冠层温度没有明显的规律性和差异性。FL1、FL2、CK 处理孕穗期小麦群体内地表温度分别为 16.85℃、17.73℃、17.50℃。灌浆期，FL1（27.98℃），FL2（28.30℃）处理的地表温度比 CK（27.97℃）略高；FL2 处理的群体内地表温度均高于 FL1，但是未达到差异水平。

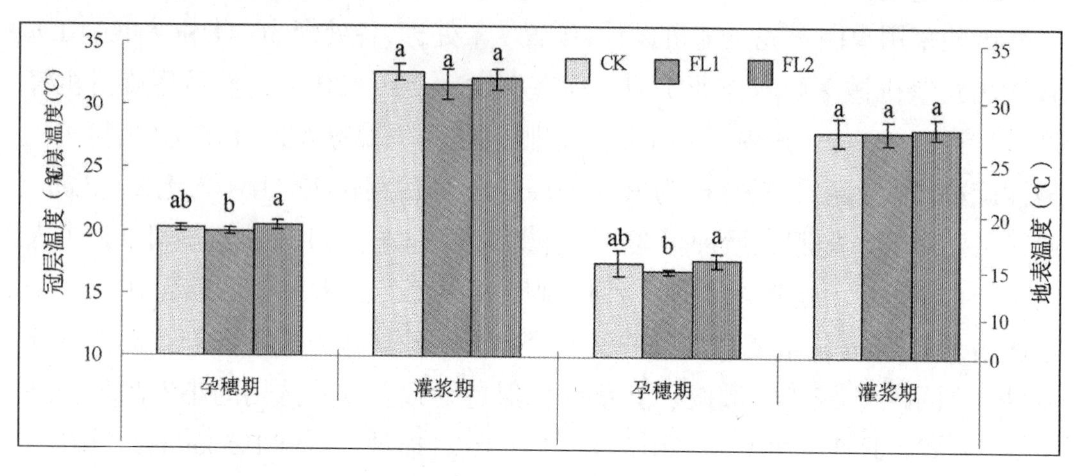


**图8-1　粉垄立式旋耕耕作对冬小麦群体冠层温度和地表温度的影响**

注：图中不同字母代表不同处理间 $P \leqslant 0.05$ 的显著水平。

土壤耕层温度受多种因素的影响，通过耕作方式的改变不仅改变的是土壤的理化性质，对土壤温、湿度也产生了较大的影响。由图 8-2，图 8-3 可以看出，拔节期 FL1、FL2、CK 处理土壤耕层温度分别为 8.50℃、8.00℃、9.75℃，粉垄耕作处理的土壤耕层温度低于 CK；到孕穗期，FL1、FL2、CK 处理土壤耕层温度分别为 12.33℃、12.50℃、12.17℃，FL1、FL2 分别比 CK 高 0.16℃、0.33℃。在拔节期、孕穗期，FL1、FL2 处理的土壤耕层温度均低于 CK。FL1、FL2 两个处理间的土壤耕层温度在拔节期、孕穗期没有表现出明显的规律性和显著的差异性。

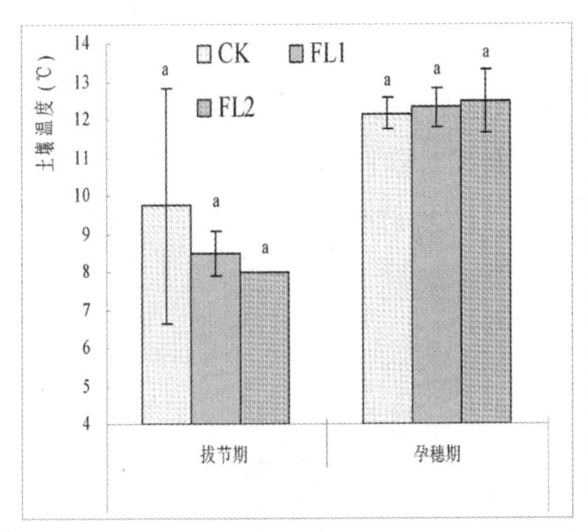


图8-2　粉垄立式旋耕耕作对耕层土壤温度的影响

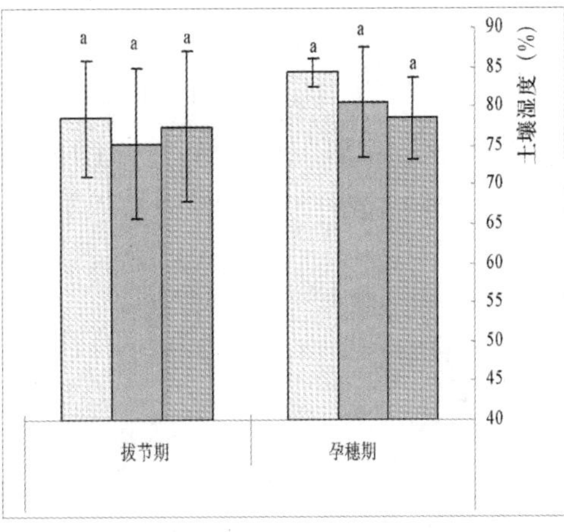


图8-3　粉垄立式旋耕耕作对湿度的影响

**2. 粉垄立式旋耕耕作对冬小麦田间群体内部微环境的影响**

小麦田间群体内部环境受大气、土壤以及作物自身等多种因素的影响，耕作措施改变了土壤理化性质，进而影响植物的生长和发育，随着地上部群体营养生长的完成，群体自身对其周围小环境的温度、湿度、二氧化碳浓度则会起到一定的调节作用。由表 8-1 可以看出，孕穗期，FL1、FL2、CK 处理群体内的 $CO_2$ 浓度分别为 431.5 mg/m$^3$、379.6 mg/m$^3$、430.4 mg/m$^3$；灌浆期，FL1( 373.5 mg/m$^3$ )、FL2( 373.5 mg/m$^3$ )处理的 $CO_2$ 浓度均显著低于 CK( 431.7 mg/m$^3$ )。FL1、FL2 处理群体内相对湿度在孕穗期、灌浆期分别为 58.1%、60.9% 和 60.8%、56.6%，高于 CK（52.7% 和 57.7%）；此外，FL1、FL2 处理群体内温度分别为 25.0℃、23.9℃和 32.7℃、33.2℃，低于 CK（27.0℃和 33.8℃）。在孕穗期、灌浆期，FL1 处理的群体的二氧化碳浓度则要高于 FL2，在孕穗期则显著高于 FL2 处理；FL1 处理在孕穗期的相对湿度和灌浆期的群体内温度显著低于 FL2；相反，FL1 处理在孕穗期的群体内温度和灌浆期的相对湿度显著高于 FL2。

表8-1　粉垄立式旋耕耕作对冬小麦群体内部$CO_2$、温度和相对湿度的影响

| 处理 | $CO_2$ 浓度（mg/m$^3$） | | 相对湿度（%） | | 群体内温度（℃） | |
|---|---|---|---|---|---|---|
| | 孕穗期 | 灌浆期 | 孕穗期 | 灌浆期 | 孕穗期 | 灌浆期 |
| CK | 430.4a | 431.7a | 52.7c | 57.7b | 27.0a | 33.8a |
| FL1 | 431.5a | 373.5b | 58.1b | 60.8a | 25.0b | 32.7c |
| FL2 | 379.6b | 373.1b | 60.9a | 56.6b | 23.9c | 33.2b |

注：同一列不同字母代表处理间 $P \leq 0.05$ 的显著水平。

**3. 冬小麦产量的变化**

由图 8–4 可以看出，FL1、FL2、CK 各处理实收产量分别为 8 137.6 kg/hm$^2$、8 481.2 kg/hm$^2$、6 518.5 kg/hm$^2$，FL1、FL2 分别比 CK 增产 24.5%、30.1%， 粉垄立式旋耕处理的小麦产量均显著高于对照，两种耕作方式之间产量差异不显著。

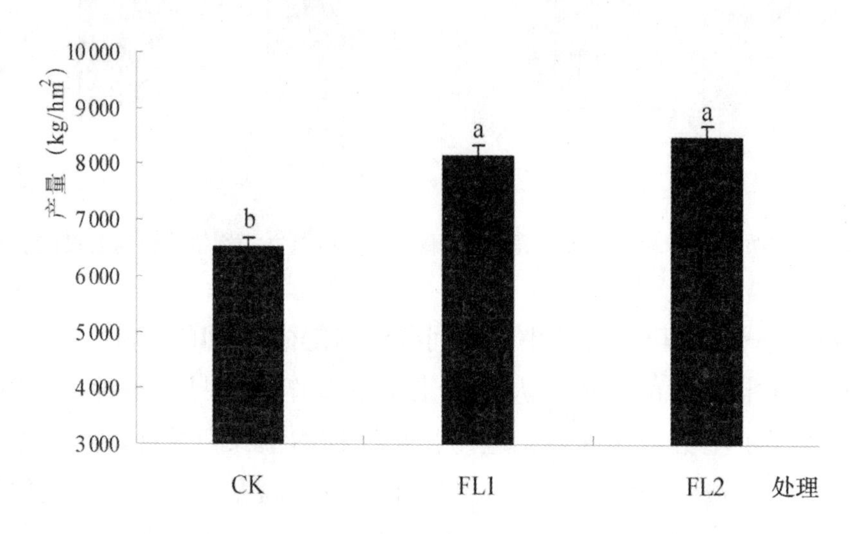


**图8–4 粉垄立式旋耕耕作冬小麦产量的比较**

## 三、讨论

近年来，在小麦、玉米一年两熟区由于连年旋耕作业致使耕层变浅，犁底层上移变厚，土壤的通透性变差，生产力和可持续生产能力下降。土壤耕作是调节和改善土壤水、肥、气、热最有效的方式，通过改进耕作方式能够快速地实现土壤物理、化学性质的改善，提高作物对养分的利用效率。粉垄耕作完全不同于犁翻耕、旋耕机旋耕等整地方式，既有犁翻耕的深松作用，又具有旋耕后土壤疏松、土粒粉碎均匀的特点。粉垄耕作不仅能够提高作物产量，改善作物（水稻）品质，同时还能提高作物的水分利用效率。本研究表明，粉垄立式旋耕耕作能够显著增加小麦籽粒产量。这与在水稻土上的研究结果：粉垄立式旋耕耕作能够增加小麦的穗粒数，最终提高小麦产量一致。从田间群体微环境的变化来看，灌浆期粉垄立式旋耕耕作对小麦群体影响最大，这一阶段对小麦产量具有重要的影响；粉垄立式旋耕耕作群体的冠层温度比对照低，地表温度比 CK 略高；可以反映出地上部群体的蒸腾作用、光合作用比旋耕耕作的群体要强；而 FL1（373.5 mg/m$^3$）、FL2（373.5 mg/m$^3$）处

理的 $CO_2$ 浓度显著（$P \leq 0.05$）低于 CK（431.7 mg/m$^3$），则进一步证明光合作用强的现象，单位时间内利用的 $CO_2$ 较多，造成群体内微环境中 $CO_2$ 浓度减小。由于有关群体微环境的研究报道较少，类似研究认为，深松或深松配合旋耕耕作方式在开花至成熟期小麦的旗叶水势、旗叶最大光化学效率（Fv/Fm）和实际光化学效率（ΦPSII）均高于条旋耕，表明深松有利于小麦旗叶在灌浆中后期保持较高的生理活性；深松覆盖灌浆中后期小麦旗叶叶绿素和类胡萝卜素含量明显高于旋耕。这说明通过耕作措施的改变，不仅仅改变的是土壤环境，同时也通过作物群体改变地上部群体内环境，进而改善群体自身的功能，促进产量的提高。此外，两种粉垄立式旋耕处理间对群体微环境的影响上没有表现出一致的规律性，粉垄立式旋耕耕作作为一种新的耕作方法和耕作制度，在农业生产上还有很多需要改进和完善的地方，本研究是在秸秆不还田的前提下，粉垄立式旋耕耕作的作业效果较好；在小麦、玉米两熟制农区，秸秆还田时，粉垄立式旋耕作业的效果以及难度等均需要考虑和进一步的研究。

### 四、结论

粉垄立式旋耕耕作（FL1、FL2）对小麦灌浆期的群体冠层的温度、群体内地表的温度以及群体内 $CO_2$ 的浓度影响较大，其他时期影响不大。灌浆期，FL1（31.72℃）、FL2（32.15℃）的群体冠层温度比 CK（32.72℃）略低，FL1（27.98℃）、FL2（28.30℃））处理的地表温度比 CK（27.97℃）略高；FL1（373.5 mg/m$^3$）、FL2（373.5 mg/m$^3$）处理的 $CO_2$ 浓度均显著低于 CK（431.7 mg/m$^3$）。同时，FL1、FL2 耕作群体内相对湿度在孕穗期、灌浆期分别为 58.1%、60.9% 和 60.8%、56.6%，高于 CK（52.7% 和 57.7%）；群体内温度分别为 25.0℃、23.9℃ 和 32.7℃、33.2℃，低于 CK（27.0℃ 和 33.8℃）。

此外，拔节期，粉垄立式旋耕处理的土壤耕层温度比 CK 低 1 ~ 2℃，孕穗期比 CK 高 0 ~ 0.5℃；粉垄立式旋耕处理的土壤耕层湿度则均低于 CK。FL1（8 137.6 kg/hm$^2$）、FL2（8 481.2 kg/hm$^2$）的小麦产量均显著高于 CK（6 518.5 kg/hm$^2$），分别比对照增产 24.5%、30.1%。两种粉垄立式旋耕处理间对群体微环境的影响上没有表现出一致的规律性，粉垄立式旋耕耕作措施能够有效地改善小麦生育中后期田间微环境，提高抗逆能力，增加产量。

## 第二节　粉垄立式旋耕后效对夏玉米田间群体微环境的影响

玉米是我国三大主要粮食作物之一，在小麦、玉米两熟区研究粉垄立式旋耕后效对玉米群体微环境的报道较少。因此，研究粉垄立式旋耕后效对玉米群体微环境的影响，为进一步研究耕作措施与作物群体微环境关系，旨在构建适宜的农作制度，筛选适合本地区的粉垄立式旋耕技术，为促进农业生产的可持续性提供参考。

## 一、材料和方法

### 1. 试验地概况

试验地位于河南省焦作市温县黄庄镇（34°52′N，112°51′E），四季分明，属暖温带大陆性季风气候，光照充足，年平均气温 14 ~ 15℃，年积温 4 500℃以上，年日照 2 484h，年降水量 550 ~ 700 mm，无霜期 210 d。土壤类型为潮土，偏碱性，土地肥沃，试验地基础土样有机质、全氮、速效钾、速效磷含量分别为 12.5 g/kg、0.88 g/kg、325.6 mg/kg、23.8 mg/kg。

### 2. 试验设计

试验采用单因素完全随机设计，设置 3 个处理，夏玉米播种前小麦季各处理的耕作方式分别为：①粉垄 1（FL1）。直接用立式旋耕机深旋耕作业 1 遍，耕作深度为 20 ~ 30 cm，然后用旋耕机轻度（入土 2 ~ 3 cm）旋耕平整 1 遍，施肥，播种。②粉垄 2（FL2）。用立式旋耕机深旋耕作业 1 遍，耕作深度为 30 ~ 40 cm，然后用旋耕机轻度（入土 2 ~ 3 cm）旋耕平整 1 遍，施肥，播种。③旋耕作为对照（CK）。用旋耕机旋耕 2 遍（入土：12 ~ 16 cm），施肥，播种。种植制度为小麦、玉米一年两熟轮作。每个小区占地 0.2 $hm^2$，重复 3 次，共计 9 个小区。小麦于 2014 年 5 月 30 日收获，6 月 12 日播种夏玉米，品种为先玉 335，密度为 62 500 株 /$hm^2$；选用的肥料类型为沃夫特控释肥[总养分≥ 45%，15（N）-15（$P_2O_5$）-15（$K_2O$）]，施肥量为 600 kg/$hm^2$，苗期至喇叭口期一次施入。各处理间除耕作方式不同外，其他试验条件，如品种、施肥、灌溉、除草等均保持一致。

### 3. 测定项目及方法

在玉米的喇叭口期、灌浆期测定土壤耕层温度、湿度、叶片叶绿素含量（SPAD 值）；田间群体的冠层温度、群体内地表温度；群体内 $CO_2$ 浓度、空气相对湿度、空气温度；成熟期各处理实收测产。土壤温度、湿度用 Aquameterr 计直接测定，叶片 SPAD 值用 SPAD 计直接测定，其中玉米喇叭口期测定植株最上部展开叶，灌浆期测定穗位叶；冠层和群体内地表温度用红外线测温仪测定；群体内 $CO_2$ 浓度、空气相对湿度、空气温度用 $CO_2$Meter

计测定。

**4. 数据处理**

文中数据用 Excel、SPSS 等软件进行整理分析，用 LSD 法进行显著性分析，文中小、大写字母分别表示 $P \leqslant 0.05$ 或 $P \leqslant 0.01$ 差异水平。

## 二、结果与分析

### 1. 粉垄立式旋耕后效对夏玉米群体冠层温度、土壤耕层温度及湿度的影响

由图 8–5，图 8–6 可以看出，小麦季粉垄立式旋耕对玉米季土壤 pH 及玉米叶片 SPAD 值有一定的影响。玉米喇叭口期 FL1、FL2 处理的土壤 pH 均稍低于 CK，FL2 处理稍高于 FL1；在灌浆期，FL1、FL2、CK 处理土壤 pH 虽有一定的差异，但没有表现出明显的规律性，各处理土壤 pH 在玉米喇叭口期、灌浆期差异不显著。FL1、FL2、CK 处理的叶片 SPAD 值在玉米喇叭口期、灌浆期分别为 46.22、43.62、44.87 和 61.58、57.52、57.15，FL1 处理的叶片 SPAD 值高于 FL2、CK 处理，两个时期各处理的 SPAD 值差异不显著；灌浆期 FL1、FL2 处理的叶片 SPAD 值均高于 CK。

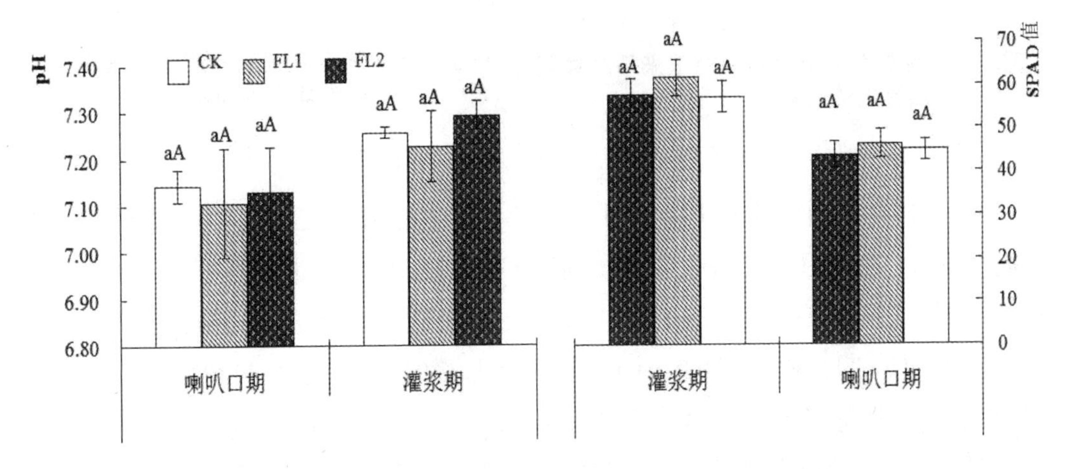


图8–5　粉垄立式旋耕后效对玉米季土壤pH的影响

图8–6　粉垄立式旋耕后效对玉米季叶片SPAD值的影响

注：图中小、大写字母分别代表处理间 $P \leqslant 0.05$、$P \leqslant 0.01$ 的显著水平。

由图 8–7，图 8–8 可以看出，玉米喇叭口期，FL1、FL2、CK 处理群体冠层温度分别为 25.42℃、26.05℃、27.13℃，FL1、FL2 处理比 CK 低 1.72℃、1.08℃，均显著低于 CK；灌浆期，FL1、FL2、CK 处理群体冠层温度分别为 25.52℃、26.18℃、25.77℃，与喇叭口期同群体冠层温度相比，FL1、FL2 处

理分别上升了 0.10℃、0.13℃，而 CK 群体冠层温度则下降了 1.36℃；喇叭口期、灌浆期，FL1 处理的群体冠层温度低于 FL2。在玉米喇叭口期、灌浆期，FL1、FL2、CK 处理的群体内地面温度分别为 24.13℃、26.20℃、29.42℃和 24.05℃、24.45℃、24.67℃；FL1、FL2 处理均低于 CK，其中在喇叭口期则极显著低于 CK；FL1 处理的群体内地面温度低于 FL2，其中在喇叭口期达到极显著水平。

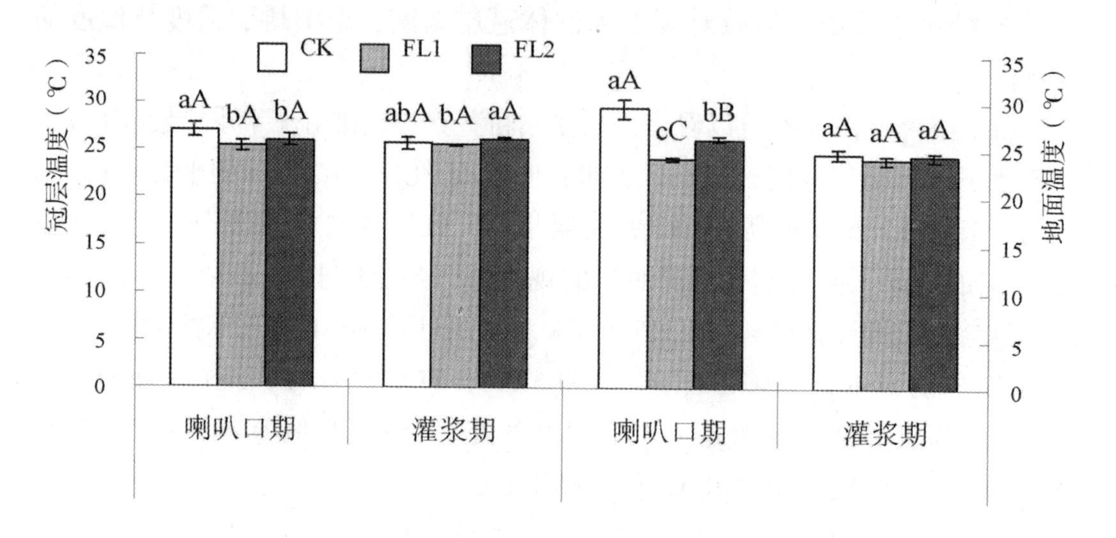


图8-7 粉垄立式旋耕后效对玉米季群体冠层温度的影响

图8-8 粉垄立式旋耕后效对玉米季群体内地面温度的影响

注：图中小、大写字母分别代表处理间 $P \leqslant 0.05$、$P \leqslant 0.01$ 的显著水平。

由图 8-9，图 8-10 可以看出，FL1、FL2 处理在玉米喇叭口期的土壤温度分别为 23.33℃、24.00℃，分别比 CK（25.00℃）低 1.67℃、1.00℃，达到显著或极显著差异水平；FL1、FL2 处理间的土壤温度差异也达到显著水平；玉米灌浆期，FL1、FL2、CK 处理的土壤温度分别为 24.00℃、23.00℃、23.33℃，处理间差异不显著。玉米土壤湿度的变化，FL1、FL2 处理在玉米喇叭口期、灌浆期的土壤湿度分别为 106.33%、82.67% 和 117.00%、116.00%，均高于 CK（46.33% 和 113.00%），其中在喇叭口期达到极显著差异；喇叭口期 FL1 极显著高于 FL2，在灌浆期则差异不显著。

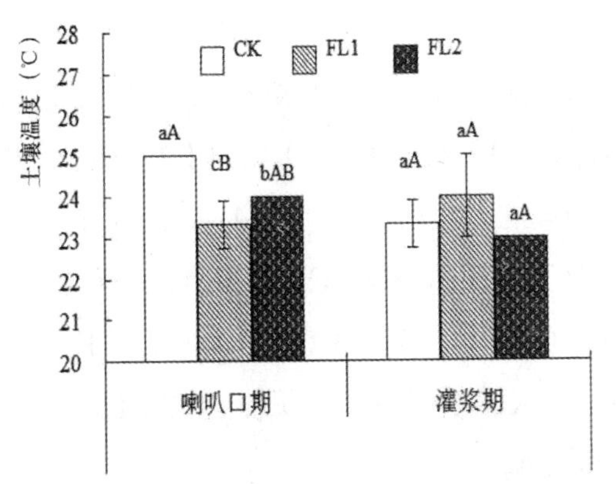


图8-9　粉垄立式旋耕后效对玉米季群体内土壤温度的影响

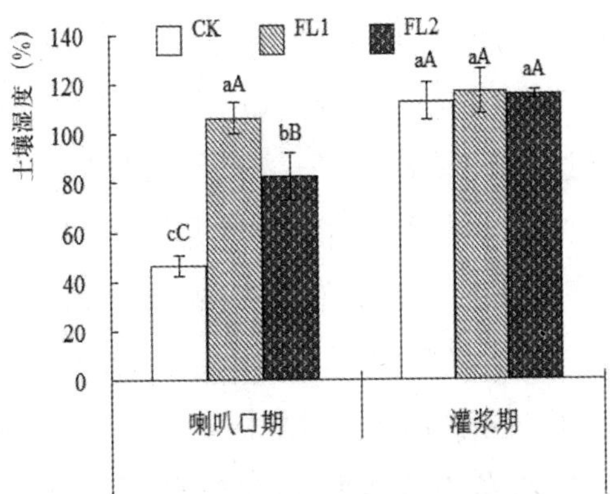


图8-10　粉垄立式旋耕后效对玉米季群体内湿度的影响

注：图中小、大写字母分别代表处理间 $P \leqslant 0.05$、$P \leqslant 0.01$ 的显著水平。

**2. 粉垄立式旋耕后效对夏玉米田间群体内部微环境的影响**

由表 8-2 可以看出，玉米喇叭口期，FL1、FL2 处理的群体内 $CO_2$ 浓度分别为 417.50 mg/m$^3$、388.67 mg/m$^3$，均极显著高于 CK（336.17 mg/m$^3$），分别高出 81.33 mg/m$^3$、52.50 mg/m$^3$；FL1 > FL2，差异达到显著水平。灌浆期，FL1、FL2 处理的群体内 $CO_2$ 浓度分别为 405.83 mg/m$^3$、403.17 mg/m$^3$，均低于 CK（421.50 mg/m$^3$），其中 FL2 显著低于 CK，分别低 15.67 mg/m$^3$、18.33 mg/m$^3$；FL1 > FL2，差异则不显著。

表8-2　粉垄立式旋耕对冬小麦群体内部$CO_2$、温度和相对湿度的影响

| 指标 | 测定时期 | CK | FL1 | FL2 |
|---|---|---|---|---|
| $CO_2$浓度（mg/m$^3$） | 喇叭口期 | 336.17cB | 417.50aA | 388.67bA |
| | 灌浆期 | 421.50aA | 405.83abA | 403.17bA |
| 相对湿度（%） | 喇叭口期 | 51.95cC | 58.76aA | 56.06bB |
| | 灌浆期 | 61.73bA | 62.96aA | 61.82bA |
| 群体内温度（℃） | 喇叭口期 | 33.41aA | 29.94cC | 30.73bB |
| | 灌浆期 | 30.89aA | 30.30cB | 30.64bAB |

注：表中小、大写字母分别代表同一横行内处理间 $P \leqslant 0.05$、$P \leqslant 0.01$ 的显著水平。

粉垄立式旋耕后效群体内相对湿度的变化，FL1、FL2、CK 处理在玉米

喇叭口期、灌浆期的相对湿度分别为58.76%、56.06%、51.95%和62.96%、61.82%、61.73%。喇叭口期，FL1、FL2均极显著高于CK，FL1、FL2之间差异达到极显著水平；灌浆期，FL1显著高于FL2、CK。FL1、FL2、CK处理在玉米喇叭口期的群体内温度分别为29.94℃、30.73℃、33.41℃，FL1极显著低于FL2，FL1、FL2均极显著低于CK，分别低3.47℃、2.68℃；灌浆期，FL1、FL2、CK处理的群体内温度分别为30.30℃、30.64℃、30.89℃，FL1显著低于FL2，FL1、FL2极显著、显著低于CK，分别低0.59℃、0.25℃。

**3. 粉垄立式旋耕后效对夏玉米产量的影响**

由图8-11可以看出，FL1处理的籽粒产量最高，达到9 723.3 kg/hm$^2$，FL2（8 720.3 kg/hm$^2$）处理的籽粒产量次之，CK（8 273.7 kg/hm$^2$）处理的最低；其中FL1处理显著高于CK，FL2处理籽粒产量虽较高，但是与CK、FL1处理则未达到显著水平。

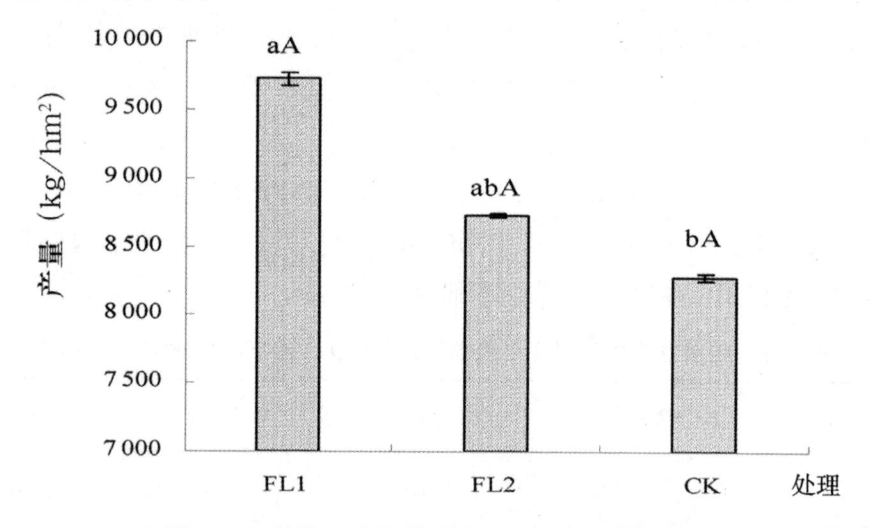


**图8-11　粉垄立式旋耕后效对夏玉米产量的影响**

注：图中小、大写字母分别代表处理间$P \leqslant 0.05$、$P \leqslant 0.01$的显著水平。

## 三、讨论

对玉米粒质量起重要作用的是灌浆速率、灌浆期及有效灌浆期，同一品种的籽粒粒重则主要受灌浆速率的影响。前人在粉垄耕作种植春玉米的研究中得出，与旋耕相比，粉垄立式旋耕通过提高春玉米的穗粒数和籽粒重量来提高产量；同时，粉垄耕作春玉米的灌浆速率远高于旋耕，灌浆期则比旋耕略有缩短。在小麦、玉米轮作种植条件下，粉垄耕作的两种处理方式不仅能够提高小麦季的产量，且粉垄耕作后效对下茬玉米有持续增产的作用，与旋耕相比，粉垄立式旋耕能增加玉米株高、穗长、单株干物质质量等。粉垄耕作措施能有效地改善小麦生育中后期田间微环境，提高抗逆能力，增加产量。

## 四、结论

本研究初步得出，与旋耕（CK）相比，小麦季粉垄立式旋耕后效（FL1、FL2）有以下几点：①能够改善玉米季（喇叭口期、灌浆期）土壤的 pH，提高玉米叶片的 SPAD 值（FL1 > FL2 > CK）。②降低土壤温度，FL1、FL2 处理的土壤温度比 CK 低 1 ~ 2℃（$P \leqslant 0.05$ 或 $P \leqslant 0.05$）），FL1 < FL2（$P \leqslant 0.05$）。③提高土壤湿度，FL1、FL2 处理极显著高于 CK，FL1 > FL2（$P \leqslant 0.01$）。④降低群体内温度，喇叭口期，FL1（29.94℃）、FL2（30.73℃）均极显著低于 CK（33.41°），分别低 3.47℃、2.68℃，FL1 < FL2（$P \leqslant 0.01$）；灌浆期，FL1（30.30℃）、FL2（30.64℃）显著或显著低于 CK（30.89℃），分别低 0.59℃、0.25℃，FL1 < FL2（$P \leqslant 0.05$）。⑤降低群体内地面温度，FL1、FL2 处理降低 0.1 ~ 5.5℃，且在喇叭口期差异极显著，FL1 < FL2。⑥调控玉米季群体冠层温度，喇叭口期，FL1、FL2 处理均显著低于 CK，分别低 1.72℃、1.08℃，FL1 > FL2。⑦能够改善群体内 $CO_2$ 浓度，玉米喇叭口期，FL1（417.50 mg/m$^3$）、FL2（388.67 mg/m$^3$）均极显著高于 CK（336.17 mg/m$^3$），分别高出 81.33 mg/m$^3$、52.50 mg/m$^3$，FL1 > FL2（$P \leqslant 0.05$）；灌浆期，FL1（405.83 mg/m$^3$）、FL2（403.17 mg/m$^3$）均低于 CK（421.50 mg/m$^3$），分别低 15.67 mg/m$^3$、18.33 mg/m$^3$，CK > FL2（$P \leqslant 0.05$），FL1 > FL2。⑧提高玉米喇叭口期、灌浆期群体内相对湿度（%），喇叭口期，FL1（58.76%）、FL2（56.06%）均极显著高于 CK（51.95%），FL1 极显著高于 FL2；灌浆期，FL1（62.96%）显著高于 FL2（61.82%）、CK（61.73%）。⑨提高籽粒产量，FL1、FL2、CK 处理的籽粒产量分别为 9 723.3 kg/hm$^2$、8 720.3 kg/hm$^2$、8 273.7 kg/hm$^2$，FL1 处理显著高于 CK，FL2 与 CK、FL1 处理差异不显著。

# 参考文献


[1] 鲍士旦 . 土壤农化分析 [M]. 北京：中国农业出版社 , 2000.

[2] 曹彩云 , 李科江 , 崔彦宏 , 等 . 长期定位施肥对夏玉米子粒灌浆影响的模拟研究 [J]. 植物营养与肥料学报 ,2008,14（1）:48–53.

[3] 曹彩云 , 郑春莲 , 李科江 , 等 . 长期定位施肥对夏玉米光合特性及产量的影响研究 [J]. 中国生态农业学报 , 2009,17（6）:1074–1079.

[4] 陈建国 , 张杨珠 , 曾希柏 , 等 . 长期定位施肥对湖南水稻土有效态微量养分的影响 [J]. 湖南农业大学学报 , 2008, 34（5）: 591–595.

[5] 陈娟 , 曾青 , 朱建国 , 等 . 臭氧和氮肥交互对小麦干物质生产、N、P、K 含量及累积量的影响 [J]. 生态环境学报 , 2011, 20（4）:616–622.

[6] 陈茜 , 梁成华 , 杜立宇 , 等 . 长期定位施肥对设施土壤团聚体内颗粒有机碳含量的影响 [J]. 黑龙江农业科学 , 2008（4）: 37–39.

[7] 陈修斌 , 邹志荣 . 河西走廊旱塬长期定位施肥对土壤理化性质及春小麦增产效果的研究 [J]. 土壤通报 ,2005,36（6）:888–890.

[8] 程艳丽 , 程希雷 , 邹德乙 . 棕壤长期定位施肥 15 年后磷素形态及有效性 [J]. 土壤通报 , 2009, 40（6）: 1362–1366.

[9] 程艳丽 , 邹德乙 . 长期定位施肥残留养分对作物产量及土壤化学性质的影响 [J]. 土壤通报 , 2007, 38(1）: 64–67.

[10] 迟继胜 , 李杰 , 黄丽芬 , 等 . 长期定位施肥对作物产量及土壤理化性质的影响 [J]. 辽宁农业科学 , 2006（2）: 20–23.

[11] 褚鹏飞 , 于振文 , 王东 , 等 . 耕作方式对小麦开花后旗叶水势与叶绿素荧光参数日变化和水分利用效率的影响 [J]. 作物学报 ,2012,38(6):1051–1061.

[12] 崔德杰，刘永辉，隋方功，等．长期定位施肥对非石灰性潮土 $K^+$ 解吸动力学的影响 [J]. 植物营养与肥料学报，2006, 12（2）: 213-218.

[13] 崔德杰，刘永辉，隋方功，等．长期定位施肥对土壤钾素形态的影响 [J]. 莱阳农学院学报，2005, 22（3）: 165-167.

[14] 董旭，娄翼来．长期定位施肥对土壤养分和玉米产量的影响 [J]. 现代农业科学，2008,15（1）:9-11.

[15] 董玉琛，郑殿升．中国小麦遗传资源 [M]. 北京：中国农业出版社，2000.

[16] 董玉红，欧阳竹，李鹏，等．长期定位施肥对农田土壤温室气体排放的影响 [J]. 土壤通报，2007, 38（1）: 97-102.

[17] 杜立宇，梁成华．长期定位施肥对蔬菜保护地土壤无机磷组分的影响 [J]. 土壤通报，2009, 40（4）: 852-854.

[18] 樊军，郝明德．旱地长期定位施肥土壤剖面中有效硫累积及其影响因素 [J]. 植物营养与肥料学报，2002, 8（1）: 86-90.

[19] 樊廷录，周广业，王勇，等．甘肃省黄土高原旱地冬小麦 - 玉米轮作制长期定位施肥的增产效果 [J]. 植物营养与肥料学报，2004,10（2）:127-131.

[20] 傅高明，李纯忠．土壤肥料的长期定位试验 [J]. 世界农业，1989（12）:22-25.

[21] 甘秀芹，韦本辉，申章佑，等．桑树粉垄栽培的根系、植株及产量性状表现 [J]. 浙江农业科学，2011（3）: 705-707.

[22] 甘秀芹，韦本辉，刘斌，等．粉垄后第 6 季稻田土壤变化与水稻产量品质分析 [J]. 南方农业学报，2014,45（9）:1603-1607.

[23] 高瑞，吕家珑．长期定位施肥土壤酶活性及其肥力变化研究 [J]. 中国生态农业学报，2005, 13（1）: 143-145.

[24] 刘树堂，李文香，钟希杰，等．长期定位施肥对非石灰性潮土全硫动态变化的影响 [J]. 中国农学通报，2008, 24（10）: 306-309.

[25] 高晓宁，韩晓日，刘宁．长期定位施肥对棕壤有机氮组分及剖面分布的影响 [J]. 中国农业科学，2009, 42（8）: 2820-2827.

[26] 龚月桦，杨俊峰，王俊儒，等．覆膜对小麦 14C- 储备物在灌浆期转运分配的影响 [J]. 中国农业科学，2007,40（2）:258-263.

[27] 辜运富，张小平，涂仕华，等．长期定位施肥对紫色水稻土硝化作用及硝化细菌群落结构的影响 [J]. 生态学报，2008, 28（5）: 2123-2130.

[28] 古巧珍，杨学云，孙本华，等．长期定位施肥对小麦籽粒产量及品质的影响 [J]. 麦类作物学报，2004, 24（3）:76-79.

[29] 韩锁义，秦利，刘华，等．粉垄耕作技术在饲草种植上的应用与展望 [J]. 草业科学，2014, 31（8）:1597–1600.

[30] 韩晓日，马玲玲，王晔青，等．长期定位施肥对棕壤无机磷形态及剖面分布的影响 [J]. 水土保持学报，2007, 21（4）: 51–55.

[31] 韩志卿，张电学，陈洪斌，等．长期定位施肥小麦 – 玉米轮作制度下土壤有机质质量演变规律 [J]. 河北职业技术师范学院学报，2003, 17（4）: 10–14.

[32] 皇甫湘荣，杨先明，黄绍敏，等．长期定位施肥对强筋小麦郑麦 9023 产量和品质的影响 [J]. 河南农业科学，2006,35（4）:77–80.

[33] 黄惠，王根松，樊文祺．河南省及黄淮麦区小麦种植资源目录 [M]. 郑州：黄河水利出版社，2003.

[34] 黄绍敏，宝德俊，皇甫湘荣，等．长期定位施肥对玉米肥料利用率影响的研究 [J]. 玉米科学，2006,14（4）:129–133.

[35] 黄绍敏，宝德俊，皇甫湘荣，等．长期定位施肥小麦的肥料利用率研究 [J]. 麦类作物学报，2006,26（2）:121–126.

[36] 姜东，戴廷波，荆奇，等．长期定位施肥对小麦旗叶膜脂过氧化作用及 GS 活性的影响 [J]. 作物学报，2004,30（12）:1232–1236.

[37] 蒋玉秀，赖志强，梁永良，等．牧草种植中使用粉垄专用拖拉机的效果观察 [J]. 广西畜牧兽医，2012,28（4）:197–201.

[38] 接晓辉，杨丽娟，周崇峻，等．长期定位施肥对保护地土壤腐殖质含量的影响 [J]. 农业科技与装备，2008, 177（3）: 32–34.

[39] 靳晓敏，杜军，沈润泽，等．宁夏引黄灌区粉垄栽培对玉米生长和产量的影响 [J]. 农业科学研究，2013,34（1）:50–53.

[40] 雷振生，林作揖．河南小麦品种农艺性状演变及今后育种方向 [J]. 中国农业科学，1995,28（增刊）:28–33.

[41] 李贵华．国外近百年来的长期肥料定位试验 [J]. 新疆农业科学，1990（3）:140–142.

[42] 李明桃．农田小气候理论探索 [J]. 园艺与种苗，2014（12）:27–30,53.

[43] 李娜娜，田奇卓，王树亮，等．两种类型小麦品种分蘖成穗对群体环境的响应与调控 [J]. 植物生态学报，2010,34（3）: 289–297.

[44] 李全起，陈雨海，于舜章，等．灌溉与秸秆覆盖条件下冬小麦农田气候特征 [J]. 作物学报，2006,32（2）: 306–309.

[45] 李绍长,盛茜,陆嘉惠,等.玉米籽粒灌浆生长分析[J].新疆农业科学,1999（6）:243-246.

[46] 李世清,王瑞军,张兴昌,等.小麦氮素营养与籽粒灌浆期氮素转移的研究进展[J].水土保持学报,2004,18（3）:106-111.

[47] 李双异,刘赫,汪景宽.长期定位施肥对棕壤重金属全量及其有效性影响[J].农业环境科学学报,2010,29（6）:1125-1129.

[48] 李秀英,李燕婷,赵秉强,等.褐潮土长期定位不同施肥制度土壤生产功能演化研究[J].作物学报,2006,32（5）:683-689.

[49] 李铁冰,逄焕成,杨雪,等.粉垄耕作对黄淮海北部土壤水分及其利用效率的影响[J].生态学报,2013,33（23）:7478-7486.

[50] 李铁冰,逄焕成,李华,等.粉垄根骨走对黄淮海北部春玉米籽粒灌浆机产量的影响[J].中国农业科学,2013,46（14）:3055-3064.

[51] 李友军,吴金枝,黄明,等.不同耕作方式对小麦旗叶光合特性和水分利用效率的影响[J].农业工程学报,2006,22（12）:44-48.

[52] 林明和,郑庆柱,刘永辉,等.长期定位施肥对土壤钾素吸附动力学的影响[J].青岛农业大学学报（自然科学版）,2007,24（2）:113-116.

[53] 林英华,黄庆海,刘骅,等.长期耕作与长期定位施肥对农田土壤动物群落多样性的影响[J].中国农业科学,2010,43（11）:2261-2269.

# 后 记

本书稿是在国家重点研发专项子课题“化肥农药协同增效技术及评价（2017YFD0201702）”、河南省农业科学院优秀青年科技基金“不同施肥措施下小麦与玉米群体的生态效应研究（2013YQ15）”、2017年商品粮大省奖励资金示范推广项目“黄淮平原砂姜黑土区作物粉垄耕作技术示范与推广”、河南省现代农业产业（肉牛）技术系建设专项（S2013-08-G03）、河南省重点科技攻关项目“河南省粮食作物粉垄耕作技术研究与示范（132102110068）”、河南省超级产粮大省项目“河南省小麦玉米粉垄耕作技术示范与推广”、河南省示范县精品工程子课题“小麦绿色增产高效技术农田耕层构建”等项目的支持下完成的。本书稿是科研项目进行的阶段性总结、归纳和提炼。

《施肥　耕作　微环境》一书的出版得到了河南省科学技术厅、河南省农业厅、河南省农业科学院、河南省农业科学院科研管理处、河南省农业科学院科技成果推广处、河南省农业科学院植物营养与资源环境研究所、河南省农业科学院经济作物研究所、河南省农业科学院图书馆、河南省遂平县农业科学试验站、河南省周口市西华农业科学研究所、河南省农业科学院项城市农业科学研究所、河南省宝丰县农业科学研究所、河南省周口市商水农业局、河南省安阳市滑县农业局农业技术推广中心、河南省温县金地种业有限公司、河南省商水县发达高产种植专业合作社、河南省滑县阳虹家庭农场、河南省潢川县民丰种植专业合作社、河南省遂平县秋生种植专业合作社等单位的领导、专家、农业技术人员的大力支持和帮助。在此一并表示感谢。